KUWEI
酷威文化
图书 影视

STUDYING SELF-COMPASSION AT STANFORD

在斯坦福
上自我关怀课

Pearl 著

天津出版传媒集团
天津人民出版社

图书在版编目（CIP）数据

在斯坦福上自我关怀课 / Pearl 著 . —— 天津：天津人民出版社, 2024.10. —— ISBN 978-7-201-20779-7

Ⅰ . B84-49

中国国家版本馆 CIP 数据核字第 2024LD9788 号

在斯坦福上自我关怀课
ZAI SITANFU SHANG ZIWOGUANHUAI KE

Pearl 著

出　　版	天津人民出版社
出 版 人	刘锦泉
地　　址	天津市和平区西康路35号康岳大厦
邮政编码	300051
邮购电话	022-23332459
电子信箱	reader@tjrmcbs.com

责任编辑	玮丽斯
特约编辑	张贺年　陈思宇
封面设计	张学玉
封面插画	林筱琴
制版印刷	天津鑫旭阳印刷有限公司
经　　销	新华书店
开　　本	880毫米×1230毫米　1/32
印　　张	8
字　　数	177千字
版次印次	2024年10月第1版　2024年10月第1次印刷
定　　价	45.00元

版权所有　侵权必究

图书如出现印装质量问题，请致电联系调换（022-23332459）

谨以此书献给

我的母亲

我的女儿

每一个平凡又非凡的你

以及我自己

序　言

乞力马扎罗的争吵

2019年，我和新婚伴侣Joey（乔伊）一起辞职，决定暂时不工作，去做些从前不敢想也没机会做的事——环游世界一整年。

攀登非洲第一高峰乞力马扎罗的第六天，我们即将迎来登顶的高光时刻。此刻，Joey最大的挑战是高反，我最大的恐惧是严寒。高反的Joey呼吸困难，步伐缓慢，一路走走停停。而我的鞋被暴雨打湿一直没干透，寒夜里像踩着冰刀，一停下来就肌肉痉挛。Joey走不快，我不能慢，我们的矛盾开始酝酿。

Joey每隔几分钟就要停下来喘，我被寒冷驱使，不得不催促他赶路："不行，休息时间还没到，这样会乱了节奏……"但他的身体已经不听话了，瘫倒在路边，向我投来哀怨的眼神。我只好默默走在前面，每走一段，原地踏步等Joey赶上。就这样，我们一前一后，直到登顶。拍完照，我们准备下山。

下山途中，我的膝盖隐隐作痛，却仍然快速走着。

"你需要放慢速度。"Joey 知道我膝盖不好。

"不用,下山哪有膝盖舒服的。"

Joey 嘟囔着:"你真是很硬核。"

我纠正他:"这不是硬不硬核的问题,这是我对自己的要求,不能老是在舒适圈待着。"

Joey 不说话了,显然不太高兴。

没错,我就是觉得 Joey 太想舒服了,这样怎么能陪我看尽世间繁华,我没忍住,开始教育起他来:"下次想放弃的关头,你可以试试再推自己一把。"

原来我骨子里始终是个慕强的人,Joey 的脸色沉了下来。

我心里也是五味杂陈,有自己的委屈,也怒其不争,抢先抱怨:"我爬山也难受呀,都快失温了,还要停下来在冷风里等你……"

"可我真的呼吸不上来了……"Joey 无助又无奈,但依然没有放开紧握着我的手。那一刻,我的脑海中有一大堆争辩的说辞,汇集了这一路的想法、感受和情绪,每条都不容辩驳,我张开嘴想要回击,然而,不可思议的事情发生了,我听见自己说:"对不起……"

我在说什么?我的大脑飞速旋转,这可不是我想说的!我紧紧握着 Joey 的手,停不住地说:"对不起,我错了……"我的大脑像一团乱麻,几乎无法运转,我的心却被强大温暖的能量裹挟。这股能量迅速改写了由大脑编纂的剧本,并接管了我的语言系统,让我说出未曾准备的台词。那些充满关切和爱的话语脱口而出时,我的心灵区域被冲洗涤荡，整个身体也抽泣颤抖起来，汩汩的泪水夺眶而出。

神奇的是，我竟感到前所未有的轻松。

明明几秒钟前还处于备战模式的我，怎么就缴械投降了呢？

Joey 并未发觉我的混乱，他的身体松动了，抬起胳膊环抱着我。我感受到他的内在，有身体的疲惫，还有情绪的拉扯。那一刻，我终于能体会到过去几个小时他都经历了什么。倚靠着他的胸膛，我可以感受到他的脉搏心跳，也能感应到他的心。

乞力马扎罗的经历，是个未解之谜。我清楚地记得当时的感受：两个声音、两种力量在我体内暗自较量，一个来自大脑，一个来自心灵，它们形成如此强烈的反差。心灵的力量润物细无声，轻声细语之间便化解了所有的难题，胜过头脑创造的最严密的逻辑、最深邃的思考和最优秀的雄辩。

在斯坦福学习自我关怀

从乞力马扎罗回来，在环游世界的路上，我创立了"Pearl 的不焦虑实验室"，并成为一名正念与成长教练，一边学习，一边创作，还跟 Joey 共同孕育了我们的女儿"焦糖"。

我从未忘记那股生发于心的能量，就像鸟儿学会了飞翔，就再不会忘记如何展开翅膀，一旦有了这种体验，就不会错过这股来自心灵的能量。之后，在正念练习和日常生活的点滴里，这股能量时常造访，虽然每次在身体和感受上的表达具有微妙差别——有时像穿梭的电流，有时如翻滚的热浪——但无一例外在心灵周边涤荡起伏，让我时而情绪高涨，时而释然放松。我不停问自己：这些能量到底是什么？它们是如何工作的？能否呼之即来？又能否通过练习变得纯熟精通？是否有个"心灵开关"，可以随时开启或关闭？

直到有一天，我向一位正念冥想导师咨询融合心理学、脑科学、神经科学的课程，她提到斯坦福大学的慈悯与利他主义研究与教育中心（简称 CCARE）："他们在科研领域很扎实，这个项目也做了很多年，你应该去了解一下，初级课程叫作'培育慈悯之心'（Cultivate a Compassionate Heart，简称 CCH）。"

慈悯之心？听到这个短语的刹那，我便心花怒放了。没错，在乞力马扎罗山上被唤醒的能量就是慈悯，当我听到 Joey 描述自己的处境时，我的心率先回应了——它很心疼 Joey，想要给 Joey 更多安抚和支持，并对自己先前的粗心大意和咄咄逼人表示忏悔。

带着好奇，我报名参加了这门课。

课程名称中的"compassion"并不是一个容易翻译的词，直译为"共同体验到的感情"，我更倾向中文"慈悯"这种表达。这个课程不仅讲慈悯而更多涉猎自我慈悯（self-compassion），这个短语在国内大多被翻译为"自我关怀"，于是课程有了一个更通俗的名字：斯坦福自我关怀课。

我以体验者的身份全程参与了课程，曾经很多困惑都被一一解开。

课程由 CCARE 研发，结合了脑神经科学的研究成果、心理学的理论与实践，以及正念冥想的技巧，旨在加深参与者对慈悯与自我关怀的科学理解，促使其发展相关技能，并能够应用于日常生活，从而全面提升个人的幸福感。过去几年间，我参加了众多与正念和自我关怀相关的主流培训，受益匪浅。一方面，通过对脑神经科学和心理学的学习，我理解了慈悯为什么能够提升个人福祉。另一方面，有大量研究数据和论文支持自我关怀理论和方法的有效性。更重要的是，我掌握了一套有理论依托、经实践检验的步骤和方法。这套系统性的学习和练习程序，针对我所面临的困境，提供了精准的解决方案，契合度极高，犹如对症下药。

本书的结构

从青春期开始，我经历了来自身心健康的挑战，于是满世界寻找治愈自己的方法。我的疗愈工具箱里汇集了各式各样的"武器"：心理学、瑜伽、正念冥想、教练技术、舞动和艺术治疗……我把在斯坦福大学上自我关怀课的笔记和多年来在这些交叉领域的学习体验整理成书，希望能帮助到更多的人，这是本书的初衷。

本书分为三个部分。

第一部分：你会知道一个人如何通过自我关怀，将曾经困住自己的枷锁——焦虑、抑郁、自我否定和怀疑、低价值感——一破解，走出黑暗迷途，活出绽放的生命。

第二部分：借助八堂斯坦福自我关怀课的框架，我把自己在心理学、脑科学、艺术治疗等领域多年来的理论学习和实践融为一体，分享出来。其中既有理论，也有练习，你可以通过自学来系统了解整个自我关怀体系。

第三部分：我会分享更多实践经验，将课程中提到的正念和自我关怀的技巧整合运用到饮食、职场、养育和亲密关系等方面。

这本书适合这样的你

- 想要系统了解、学习正念和自我关怀的理论和技巧。
- 想改善跟自己的关系，喜欢并信任自己，锻造温柔而勇猛的心。
- 想要探索情绪价值，抵达情绪平衡，获得平静与喜乐。
- 想要探索自我，疗愈创伤，培养觉察，谱写新的命运。
- 想要走出"小我"的孤独，走入"利他"的联结。
- 想要提升专注力和创造力，培养共情力，增强心灵韧性，提升幸福感。
- 想要突破生活困境与卡顿，从不同维度解决问题，获得生命智慧和领悟。
- 想要将正念带入生命的不同领域，以获得自由、完整、喜乐与宁静。
- 想要把慈悯带到职场，培养正念领导力，发展多元慈悯的组织文化。
- 想要学习和实践正念养育，在陪伴孩子的过程中实现觉醒。
- 想要获得高质量的亲密关系，化解冲突，共同成长。

过去几年，通过练习自我关怀，我用温和、不评判的态度对待自己，少了自我苛责和否定，取而代之的是慈悯和友善。我承认自己是人类大家庭中的一员，承认没有人是完美的，承认所有人都会犯错，于是，我接纳自己犯错，也允许别人犯错。

以前的我以为事在人为，只要我足够努力，就可以实现理想。而现在，我可以分清目标和理想不过是大脑的产物，可能会实现，也可能不会；这时，我不会再为难自己或怨天尤人，而是用更加灵活的方式，将注意力放在更有意义的事情上来。我会尽其所能绽放生命力，活出理想人生，但也不会为理想所困。世事无常，保持敬畏，自己不过是芸芸众生中的一粒微尘。

但即使是微尘，也会被阳光照耀，在有限的时空里，跳出一段不可思议的舞蹈。

在写这本书的时候，我有两个选择：一是安全的策略，用精雕细琢的故事揭示正确的道理，这会让所有人舒服愉悦；二是全面的策略，尽量真实完整地还原全貌，这可能会引发争议，让一些人不舒服，但会让另外一些人看到原来这个世界上还有跟自己一样特别的人，我们从来都不孤单。我选择了后者。对于被冒犯的人，我的文字只是情绪触发点而已；让你疼痛的刺早已埋下，你可以选择把书合上，给自己一个呼吸的空间，之后再决定是否要直面你的不适。这是一本关于自我关怀的书，你可以选择随时停下来，给予自己所需要的支持。也希望这本书能唤醒你的慈悯之心，成为你生命转化的起点。

目 录

Part 1
WHY

自我关怀是真正爱自己的开始

| 一个进食障碍症患者的自我救赎 | 002 |
| 自我关怀的力量 | 010 |

CONTENTS

Part 2
WHAT

自我关怀的8周

Week1	基础理论	016
Week2	正念觉察	024
Week3	积极倾听	049
Week4	自我慈悯	058
Week5	自我欣赏	087
Week6	共通人性	107
Week7	慈悯沟通	127
Week8	三个重要命题	138

目 录

Part 3
HOW

在自我关怀中生活

饮食中的自我关怀	160
职场中的自我关怀	178
养育中的自我关怀	200
亲密关系中的自我关怀	212

后 记　　　　　　　　　223

致 谢　　　　　　　　　226

附 录　　　　　　　　　227

Part 1

WHY

自我关怀是真正爱自己的开始

一个进食障碍症患者的自我救赎

我出生在一个教师之家,从小就是一个学霸,一个"别人家的孩子",却被青春期的荷尔蒙捉弄,变得敏感而偏执。这彻底改变了我的人生。

这一切的起点是我喜欢上了一个男孩。有一次学校体检,测体重时他正好排在我的前面,而当我穿着有点紧的裤子站在秤上时,人群中突然传来一声"大象腿"!

接着是一阵哄笑。"大象腿!大象腿!"其他人附和着。

我满脸通红,头都不敢回,好像自己做错了事。从此以后,"大象腿"成了我的梦魇。我决心减肥。我虽然饿得头晕眼花,但心想再减个五六斤,就会被他注意到吧。

一次偶然,我因为肠胃不适引发了生理性呕吐,卡在喉咙眼儿的食物不上不下,十分难受,我就只好用食指和中指抠了出来。那是我人生中第一次发现,自己竟然能够把吃掉的东西一股脑儿吐出来。后来我习惯了催吐这个"两全其美"的方法。

受理智支配的时候,我会限制自己的饮食,以少油少盐低热量的减脂餐为主。但每当压力来临,长期处于饥饿状态的我就更想吃东西。一开始还算节制，但吃着吃着就停不下来了，直到胃部被塞满，全身动弹不得，缓好久才勉强站起来，接着奔赴另一段旅程：催吐。

减肥成功的我终于被那个男孩看见了，我如愿以偿开始谈恋爱。初恋的多巴胺和肾上腺素带来的兴奋与刺激暂时取代了食物的诱惑。然而，不幸早已在此埋下伏笔。

初恋那件小事，终究没开花结果，但崭新的人生议题扑面而来。在大学接连经历了学生会主席团落选、主持人大赛被淘汰、约会遇人不淑，我终于想起了青春期的"减压大法"——从食物中寻求慰藉。我像失去理智一样搜寻各种高热量的食物，迷恋不停往嘴巴里塞东西的充实，暂且不必思考人生大事也无须直面生活难题。状态糟糕的时候，我每天都要进行几次这样的"仪式"，甚至为此翘课、挂科。我的脸庞是浮肿的，眼睛里布满血丝，皮肤上渗出紫色的出血点，牙齿被胃酸腐蚀。我再也不是那个出类拔萃、闪闪发光的女孩，我开始把自己隐藏起来，宁愿在小花园冰冷的板凳上孤独地坐着，也不愿回到温暖舒适的宿舍，因为我觉得自己只配拥有前者。我对自己身上发生的一切根本无法启齿，只能一次次奔赴食物的召唤。

我也无法获得专业救助。我曾鼓起勇气去看心理医生，反被医生责问："以前物质匮乏的时候怎么没人得这个病呀？小小年纪，干什么不好？好好吃饭，再找点有意义的事情做。"连我最信赖的爸妈也爱莫能助。妈妈说："谁不喜欢吃香的，你没有病。"爸爸说："你需要一些自制力。"这些话更加剧了我的自我怀疑，于是我更加自律、精进；每当对食物的渴望如龙卷风袭来时，我的自控力就石沉海底。

于是，我在网上寻求"自救"，搜到厌食症（anorexia）和暴食症（bulimia）的症状，并依此确诊了自己的进食障碍症，还了解到它可能是致命的。我心惊胆战地把注意力转到读书上来，大四那年，我收到包括纽约大学、芝加哥大学、康奈尔大学、乔治敦大学、宾夕法尼亚大学等名校法学院的录取通知，最终选择了纽约大学。

在纽约，学业负担和语言障碍让我的生活天翻地覆，对自己的失望和失控的焦虑感再次引发进食障碍。但与以往不同的是，学校为学生提供的医疗保险涵盖了心理咨询和治疗，我终于开始看心理医生了。

不出所料，我被确诊进食障碍症，还伴有焦虑症和抑郁症的典型症状。医生发现，一旦压力超过负荷，我就会焦虑，焦虑让我暴食，暴食后的内疚导致催吐，而催吐让我状态更糟，从而出现抑郁。何以解忧？唯有美食。于是，开启恶性循环。

"倘若你对自己的要求降低一点，"医生尝试给我建议，"你觉得自己还会有压力吗？"

"降低对自己的要求？"我在心里翻了一个白眼，高标准已经成为我的人格标签了，如果降低要求，我怎么还会是我？于是我对医生说："抱歉，这个阶段我无法降低要求，我需要修完学分，顺利毕业，通过律师考试，成为律师……"

"亲爱的，你不需要对我说抱歉，这是你自己的身体，"医生耸耸肩,"那就祝你好运吧。"

虽然我没有采纳医生的建议,但她并没有因此放弃我,每周一次的如期会晤,让我可以袒露心声。终于有那么一个人真心真意听我倾诉,并希望我康复,我必不能辜负。于是,在她的陪伴和支持下,我在法学院的学习生活平稳度过。

毕业后,我通过了纽约州司法考试,如愿成为一名律师。经过华尔街的历练后,26岁的我成为了上市公司的副总裁,负责融资上市和投资者关系。与此同时,我在纽约建立了自己的社交圈。在曼哈顿下城的公寓里,谈笑有鸿儒,被友谊和艺术滋养的我,活得风生水起。那段时间,进食障碍销声匿迹,但当我跟当时的男朋友倾诉暴饮的经历时,却被他评判。从此以后,我给心灵筑起了一道藩篱,发誓绝不会再提起那段往事。

在上市公司工作两年间,我被创新、创业和企业家的进取精神所吸引,决定攻读MBA,主修创业与创新型企业管理。紧锣密鼓申请后的三个月,我如愿以偿收到了沃顿商学院的橄榄枝。

商学院紧张而忙碌,我跟男朋友两地分居,疏于联系,半年后达成共识,就此别过。失恋带来的伤痛缓慢弥散,我的饮食障碍变本加厉,并陷入抑郁,每天在暴食、催吐和补偿性健身中循环往复。

有时我想自己的人生可能就是这样了,但也有一些时候——当费城凛冽的风把我的脸吹疼,当纽约清冷的阳光化开我睫毛上的冰霜,当妈妈发短信提醒我"天冷加衣"——我会对自己说:"这个世界还有一些人和风景等着你,请你好起来。"

春暖花开时，我找到一些残留的力气，开始在宾夕法尼亚大学医学院接受以认知行为学和积极心理学为主要干预方法的心理治疗，同时参加了医学院正念减压课程。

正念练习加心理学干预，让我的生活逐渐驶向正轨。在拥抱健康生活方式疗愈自己的过程中，我成为商学院的养生达人，是抗炎饮食、把杆运动（barre sculpt）[1]和正念冥想的推广者。而我自己在商学院的创业项目叫作"身心健康咖啡馆"（wellness cafe），目标是把世界范围内跟身心健康相关的产品通过垂直电商平台推荐给中国用户。

创业小试牛刀后，我更加笃定要致力于健康事业。商学院毕业后，我加入了好莱坞影星杰西卡·阿尔芭创立的美国诚实公司（The Honest Company），立志把这个风靡全球的健康环保母婴品牌带回中国。万万没想到，公司董事会临时开会决定暂停中国区运营。回到阔别十年的故土后，我却在几个月内丢掉了工作。当初告诉爸爸妈妈我要回国，他们是那样开心，可还没来得及一起吃上几顿饭，"饭碗"就不见了。眼看"老朋友"进食障碍要重新得势，但这次在我人生的低潮时刻，一个男人走入了我的生活，他就是Joey。

那时我刚开始在北京创业，和Joey的关系越来越深入，我却一直没有告诉他我的秘密，怕把他吓跑。我知道自己没有绝对坦诚，

---

[1] 把杆运动，一种结合芭蕾、普拉提和瑜珈的塑身方式，也可以看作是动态冥想。

创业压力又把我逼到了失控的边缘。有次我不得不求他走开："我有进食障碍，这会儿压力有点大，必须要暴饮暴食才能舒缓，你能不能先回避一下？"

他先愣了一下，说："你要吃什么？我陪你吃。"

我说："你别闹了，我确诊的是进食障碍症，属于心理问题。"

他拍拍我的肩膀："谁没个心理问题，你这个问题听起来还挺健康，无害于他人和社会。"

我突然想起我的心理治疗师曾说过，进食障碍患者大多很善良，宁可委屈自己的身体，也不轻易找人倾诉，因为怕给别人添麻烦。

Joey带着我去吃平日里我不允许自己吃的"能量炸弹"，我感到前所未有的酣畅淋漓。因为是正大光明地吃，我的负罪感也减轻了，不再狼吞虎咽，开始真正享受食物本身的味道。

那天，我向Joey表达了感谢，那标志着我与食物极端关系的拐点，也开启了我的康复之路。

Joey送给我的第一个生日礼物是"觉察与成长七日工作坊"，由胡因梦老师带领。

当胡老师知道我在跟进食障碍较劲时，轻轻一句："自律也是一种内在暴力。"我却获得犹如醍醐灌顶般的领悟。

"谢谢老师，我会努力改变的。"我说。

"不要再努力了，放松下来吧，记得要松静自然。承认自己是个凡人，接纳自己有病，不用羞耻，也不要抗拒，承认问题是一种修为。"

我的眼泪夺眶而出，在朦胧的泪花中，我跟胡老师对视着。她有一双慈悯的眼睛，犹如清澈深邃的湖泊，每一圈闪烁的涟漪都是爱的语言。

"很好，现在请你闭上眼睛，观想一下身体里那个从来不被接纳的部分……"

在胡老师的引导下，我闭上了眼睛，脑海里浮现出一个女孩：她有着健康的身体，光洁的皮肤，自然卷曲的头发，不亦乐乎地忙活着，一会儿做瑜伽，一会儿在大自然里奔跑；她吃健康洁净的食物，规律运动，没有不良嗜好，用心生活，真诚待人，努力实现着自己的理想；但有时，她会受挫，会孤独难过，还会暴食，赖床，不自信，处于低价值和低能量的状态。我看到她的身体蜷缩着，眼睛里失去了以往的光彩，眉头紧锁，像是一只被困住的小动物。

这时，一个声音说："请拥抱那个不曾被接纳的自己……"

原来，这个女孩就是我自己。这么多年来，在那些需要被爱和慈悯浇灌的低谷，我并没有接纳她。我无法接纳不自律的她，无法接纳有压力和困难情绪的她，无法接纳暴饮暴食的她，无法接纳变胖和失控的她。如果在每个脆弱的瞬间，我都能够张开双臂，去拥抱迷茫无助的她，那么，这一切会不会有所改变？

这时，我仿佛看见自己走向那个小女孩，张开双臂，紧紧抱住她，温柔地对她说：

"你已经很棒了。"

"你一直在努力着。"

"你可以脆弱，可以失败，这些都是被允许的。"

"你需要好好休息。"

她的眼睛恢复了神采,眉头渐渐舒展,面色红润起来,发丝飘舞在风里。原来爱和接纳一个人,是可以创造魔法的。

后来,当我想用食物填补心灵空缺,我给了自己"允许",并决定全然接纳那一部分的自己。我不再有羞耻心,也没有催吐,我不需要急于抹去做错事的痕迹。我既可以自主选择,也可以为自己的行为承担结果。无论发生什么,我都能稳稳地接住自己。

从那天起,和我交战了二十三年的进食障碍,终于归隐江湖了,到目前为止再也没有出现过。

自我关怀的力量

这么多年来,我与进食障碍的斗争,用尽了各种方法,尝试了心理学、正念、中草药、自然疗法,以及一些身心的疗愈手段。很多方法在当时都是有效的,但是每当环境改变,新的压力来临,暴食症就会卷土重来。最终发现,起关键作用的那临门一脚,是我对自己的全然接纳,是对自己的关怀和允许。

这真是太神奇了!我想更深入地了解,就学习了市面上各种与自我关怀相关的课程。

自我关怀这门学科的奠基人是克里斯汀·内夫(Kristin Neff)博士。二十多年前,还在加州大学伯克利分校进行研究的内夫博士,便开始深入探讨自尊与自我关怀之间的密切联系。她所提出的"自我关怀的三大要素(正念觉察、共通人性、善待自己)",已成为该学科的经典理论框架。在此基础上,内夫博士与哈佛大学的心理学家克里斯托弗·格默(Christopher Germer)博士共同开发了"正念自我关怀课程"(Mindful Self-Compassion,简称 MSC),这一课程巧妙地将正念技巧融入自我关怀的练习之中。当我将正念觉察、共通人性、善待自己反复应用于生活实践中时,我的生命发生了质的变化。

曾经，对未来不确定性的担心、对失败的畏惧、对困难情绪的回避，让我裹足不前。正念觉察让我能够直面痛苦，不退缩，也不躲闪。如其所示地看见问题，能够跟困难情绪在一起，从升起到消散，一次次练习让我更加了解情绪的机制，不再被它们掌控，反而渐渐放松。

很多问题的解决不是因为紧了，而是因为松了。因为松了之后，注意力变得广阔灵活，更能够看到问题发生的全景，找到创造性的解决方案。我的一位导师常说："最棘手的问题必须跳脱问题存在的维度来解决。"当逻辑解决不了时，依靠心灵的力量就能搞定。

过去，我认为只要自己足够努力，就能达成目标，将"不依靠别人"看作是一种美德，很难开口向别人求助。当我碰壁时，就把自己藏起来，依靠自己的力量一点点活过来，再回归那个完美的形象：永远强大温柔，从容不迫，胜券在握。我很少与外界沟通，逐渐失去了对焦与反馈的机会，进而偏离了现实，陷入大脑编织的剧情里，被焦虑和抑郁裹挟。

共通人性让我更加理解人性：大家都一样，没有谁是完美的。我不需要一直绷着，凡事尽善尽美。我可以允许自己不完美，也可以相信别人，依靠别人。当我放下必须完美的信念，也就放下了自我中心的模式，转而把生命投入到更广阔的天地之中。这个天地不以我的存在为转移，所以我能更加放松地在生命之流中自在地游弋。

在这个更广阔的空间里，我发现原来每一寸光阴，无论冷暖，我都被惦记和眷顾。我能走到今天，从来不是依靠一个人的力量。当我走出那些自编自演的英雄叙事，我的生命旅途便浮现出丰富的人物和生动的细节：从小看到我的天赋鼓励我笔耕不辍的语文老师；利用休息时间教我播音主持的主播老师；父母数十年如一日辛苦积蓄，送我出国深造，并让我知道无论天涯海角，我总有家可以回；每一次机遇都承蒙于教授、导师和伙伴的信赖与引荐；创业维艰，职场受挫，情感失落，健康告急时，亲朋好友的陪伴让我绝境逢生；还有在人生低谷时遇到的Joey，他的慈悯和接纳，让我感受到什么是无条件的爱。这个世界上还有许多人，哪怕只有一期一会的缘分，却足以让我相信人性之光永不熄灭。

我们所有人的生命，跟宇宙间所有其他生命形式之间，也有着千丝万缕的联系。正如同清晨唤醒我的一碗茶里，有来自天地的灵气，有原始茶树世代繁衍的生机，有阳光雨露的滋养，有茶人用心的传承，还有水火器皿的加持……除了采买和煮茶，这里面没有什么是我能操控的。又如同朝霞暮霭，月夜星空，与Joey的不期而遇，女儿降临人间……这样的时刻还有许多，我只是这一切美好的经历者，用身体和生命见证和享受这所有幸运的发生，并时刻保持觉察、敬畏和感恩。

哪怕真的搞砸，连我自己都想放弃时，宇宙派遣的慈悯使者，会以各种形式出现在我身边，温柔地把我托起，用轻柔的声音对我说："亲爱的，这的确很难，可这就是人生的必经之路啊！"当我承认自己的脆弱时，就能感受许多温暖的臂弯；当我承认自己需要帮助时，就能发现很多支持的资源；当我把心打开时，就能迎接来自四面八方的爱。但这些，从来不是我依靠自己的努力换来的，我只需要敞开心门，保持真实。

在被爱滋养的过程中，我更加懂得如何善待自己。从慷慨的家人、温柔的伙伴、无条件支持我的伴侣那里，我学会了对自己全然接纳，拥抱自己的脆弱，掌握了自我关怀的艺术，积累了珍贵的心灵资源。当我以温和与善意对待自己时，我能更加敏感地体察到别人的挑战与艰难，理解他们的无助和无奈。于是，我在心中埋下慈悯的种子，培养自己倾听和共情的能力，我的生命因此变得更加丰富多彩，宽广有趣。当我不计得失播撒正念的种子，宣传自我关怀的方法，我会感到深深的喜悦和无穷的能量。在赋能他人的过程中，我的内心也获得了滋养，使我能够抱持更广阔的场域、更丰富的人心。当心与心彼此打开，能量流动起来时，就能孕育救赎世界的爱。爱让这一切成为螺旋上升的正向循环，让更多生命发生了质的转化。所有改变的起点都来自心灵，我们只需去连接那里翻涌着的慈悯之源。

马哈拉奇说："头脑创造深渊，心灵跨越它。"（The mind creates the abyss, the heart crosses it.）

Part 2

WHAT

自我关怀的 8 周

Week1　基础理论

在学习自我关怀的旅程中,理解其背后的基础理论是至关重要的一步。在这一节课里,我们将了解自我关怀的定义、其心理学和神经科学的基础,以及自我关怀在个人成长和心理健康中的作用。

自我关怀是什么

由自我关怀专家克里斯汀·内夫(Kristin Neff)和正念研究学者克里斯托夫·杰默(Christopher Germer)协力发展的正念自我关怀体系包括三个要素:正念觉察、共通人性和善待自己。

正念觉察是自我关怀的重要元素。通过正念,我们可以觉察到身体上的疼痛、压力、困难情绪、逆境、消极想法等,也能觉察到基本需求和欲望,例如想要获得健康、快乐,想要跟人联结,想要活得好,对别人表达友善、关心、做好事,等等。正念让我们在遇到困境时,既不忽视眼前的困难,也不过度认同这个困难,而是作为一个中立的观察者去经历这一切。

共通人性是承认人类的体验是共通的,不仅大部分经历是相同或相似的，经历带来的情感也是相同或相似的。我们都需要吃饭、睡觉，需要被看见、被认可，也有着共同的喜怒哀乐，都要面临生老病死及其带给我们的恐惧。共通人性还告诉我们，所有人都会失败、都会犯错，没有谁的生活是完美的。这种共识让我们对于自己或他人的缺陷和面临的困境，产生更为豁达的观点和感受，让我们做出倾向于联结而非孤立的决策。

善待自己就是指当我们受苦、失败或感到匮乏时，要给予自己关怀和接纳，而非忽视痛苦或自我否定。生活不尽如人意时，自我慈悯的人会认识到不完美、失败、受困都是不可避免的，从而更加温和地对待自己。当我们带着善意去接纳不完美的现实时，平等心就会浮现。

而斯坦福大学的自我关怀课程则借用佛教中的"慈悲"概念，从另一个角度给出了自我关怀的定义。在佛教的概念中，"慈"指的是给予众生安乐，而"悲"则指拔除众生的痛苦。现在语境中"慈悲"一词被广泛接受的理解是：对于他人和自己所受遭遇的觉察和承认，对于受苦的个体表达深切关注，同时愿意用行动去缓解这种痛苦。我们每个人都经历过或经历着三种形式的慈悲：我们对别人的慈悲，别人给我们的慈悲，我们对自己的慈悲。而自我关怀，指的就是第三种：我们对自己的慈悲。

考虑到上述概念的阐述有些学术，克里斯汀·内夫博士用一个更易理解的方式对自我关怀做了比喻："自我关怀就是像好朋友一样温和善意地对待自己。"

自我关怀的心理学机制

心理学家保罗·吉尔伯特（Paul Gilbert）在慈悯聚焦疗法的研究和发展中提出，人类在进化过程中有以下三种心理调节系统：

1. **威胁保护系统**。这个系统包含了自动防御体系的典型行为反应，例如4F反应：战斗（Fight）、逃跑（Flight）、僵住（Freeze）、讨好（Fawn）。因为要随时防御危险或潜在威胁，这个系统启动带来的情绪反应包括脆弱感、低价值、低自尊、焦虑、紧张等，甚至会出现回避人际交往，很难寻求安抚行为或对外求助。在人类进化史中，威胁保护系统启动跟重大安全隐患，甚至跟生死存亡相关，例如遇到猛兽或自然灾害。而在今天，考试、评职称、当众演讲等活动都让我们惴惴不安，因为大脑依然会把可能存在的威胁当成真正的风险，杏仁核会被激活，分泌皮质醇等压力荷尔蒙，带来消极的情绪内耗。

2. **驱力兴奋系统**。这个系统激励和指引我们去获取重要资源（食物、领地、性、友谊、权力等），并设定追求目标，不仅包括物质目标，还包括获得积极情绪感受的目标。在现实生活中，我们给自己设立小目标：每周去三次健身房，拿到年终奖，被喜欢的人表白，去网红餐厅打卡……这些目标都能刺激多巴胺，带来欢愉感。但是，当驱力兴奋系统被过度唤起，永无止境地追求资源，则会让我们力竭；若无法达到目标时，还可能出现对自己的失望、苛责，或对别人的攻击，甚至会造成无意义感，丧失积极的情感和动机。

3. **安抚满足系统**。当我们处于安全状态，不需要应对危险，也不需要寻找生存资源时，就可以感受到积极、平静和幸福的情绪。在哺乳动物的进化中，母亲哺育幼崽的关怀行为，包括拥抱抚触等，会刺激大脑的前额叶皮层，分泌催产素，带来巨大的满足感。催产素是一种神经激素，与接纳、信任的情绪相关，还能够带来安全感和归属感。我们跟喜欢的人、信任的伙伴、家人和宠物一起共度高质量的时光时，就会拥有这种体验。

这三个系统有各自的功能和优势，通过协同工作更好地支持人类活动的正常运转。然而在现实生活中，这些系统经常没有办法平衡运转。例如现在社会里持续的压力、竞争、经济不确定性、工作不稳定、人际关系紧张等因素，都会导致人们的威胁保护系统被过度激活；而短视频、网络游戏过度设计的即时反馈会使得人们的驱力兴奋系统过度兴奋，导致很多上瘾行为。反而是人的安抚满足系统，往往被现代社会的快节奏和高压力环境所压抑，导致人们感到孤独、缺乏有效的社会支持、家庭关系紧张等。

在自我关怀的练习中，人们可以学会如何给予自己支持和安慰，这有助于激活安抚满足系统，帮助个体在经历困难或痛苦时自我恢复；同时，自我关怀也能教会人们如何建立和增强自己的社会支持系统，提供外在的安抚和支持，有助于缓解孤独和痛苦。这些自我关怀的练习会有效地增强安抚满足系统的功能，减少威胁保护系统和驱力兴奋系统的过度兴奋，让人获得更高的幸福感。

自我关怀背后的假设

斯坦福自我关怀课的目标在于通过自我关怀的练习,激活心灵的慈悯和联结的特质。

课程设置的前提基于几个假设,而课程的目标是让参与者用亲身经历去证明它们。这些假设包括:

1. 慈悯与联结是人类心灵的本能反应和本质特征。

2. 允许慈悯和联结发生,却不是轻而易举的。这是因为,人类家族的每一个生命体,为了生存本身,为了减轻所承受的痛苦,逐渐学会给自己的心灵戴上防御面具。

3. 坚固的防御面具之后,是我们柔软的心,它所拥有的心灵特质是可以被重新激活的。就像健身一样,"慈悯的肌肉"也是可以通过刻意练习来塑造的。

激活上述心灵特质还可以带给我们以下这些好处:

· 幸福感

· 直面挑战的勇气

· 从挫败中崛起的复原力

· 跟自己的小团圆

· 与他人关系的提升

· 学会真正地倾听

· 对生活日常的欣赏与感恩

· 带着慈悯心去行动

· 于混乱中而处变不惊

· 内在的宁静

如果你对证明上述假设感兴趣，或者具有好奇心，欢迎你也成为实验的一部分，看看未来几周的练习能否唤醒你的心灵特质，又会为你的生命创造什么新鲜丰富的体验。

在进行自我关怀的练习时，要准备好面对不舒适的情绪体验，这是因为关于爱与接纳、关怀与自我关怀的练习可能揭开你曾有过的不被爱或接纳的经历；温和友善地对待自己，可能让你想起常常苛责伤害自己的过去。这些不适感是疗愈的开端，请你敞开心扉，给自己多一点信任和耐心。当你准备开启这段旅程时，请先完成下面的练习。

> **练习：初心与意图**
>
> 请准备一个空白笔记本，在扉页写上"心灵日记"，它的用途是随时记录跟心灵特质相关的体验。你可以在日记上写：一天下来，你的心灵都经历了什么，你都感受到了什么，这些感受是如何升发的，你的身体和心灵之间是如何交流的，这些感受又是如何影响你的。你还可以用这本"心灵日记"完成本书附带的其他书写练习或洞察笔记。
>
> 今天，请回答下面的问题，并写在你的笔记本上：

> 初心：你为什么选择这本书？希望通过自我关怀的练习达到怎样的目标？
>
> 意图：练习时，你的期待和愿望是什么？
>
> 愿景：想象如果你的初心得以实现，它会对你的生活产生怎样的影响？
>
> 挑战：试想在这个过程中，你可能会遇到的困难和挑战。
>
> 资源：当遇到挑战时，你会用什么资源支持自己继续下去？

在做自我关怀练习时，大家常有的误解是只有在自己状态很糟糕的时候才来做练习。其实心灵特质与大脑习性的塑造不是短时间之内能见效的，所以我们需要把功夫下在平时。就像训练肌肉一样，我们需要经年累月才能准备好心灵和大脑的肌肉，当真正的挑战来临，做到心中有数，才能感到很强大。一旦你决定开启这个旅程，请在阅读的同时完成练习，实现从"知道"到"做到"。一些练习看起来可能过于简单，甚至有点无聊，还有一些练习做起来会令你尴尬、难受，这些感受我也都经历过，我还曾对一些练习嗤之以鼻。正念训练让我带着好奇心和非评判的态度投入，并给予这个过程更多信任，给自己更多耐心。真正走进去后，我惊讶地发现，恰恰是那些曾令我不屑一顾的练习带给我最深刻的感悟和洞见。

自我关怀最简单实用的方法之一，就是融合正念觉察、共通人性和善待自己三个元素而成的"三句箴言"。

当我们遇到挑战和挫败时，可以尝试停顿，跟当下的身心连接，接着使用"三句箴言"：

第一句体现正念觉察，你可以说："这是一个糟糕的时刻。"

第二句体现共通人性，你可以说："但是，我并不孤单。"

第三句体现善待自己，你可以说："我要对自己好一点。"

这三句箴言可以根据现实情况和自己的喜好进行改造和定制，还可以加上一些语气词和具体行动，举例如下。

第一句："天呐，这好难""宝宝太苦了""噢不，好疼"。

第二句："没有谁是一帆风顺的""虽然很糟糕，但这是生而为人必须要面对的""我们一起失败，一起面对"。

第三句："我需要好好睡一觉""我的需求要被看见和满足""请给我一些资源和帮助"。

"三句箴言"确定之后，可以在心里默念，也可以说出来或写出来，留意练习时心灵区域的感受。一开始练习可能会觉得有点生硬，但通过刻意练习我们会越来越娴熟。在之后的实践中我们还会反复回到三句箴言的练习，夯实这个基本功。

Week2　正念觉察

学习并练习正念觉察是实践自我关怀所需的基本功。在第 2 节课里，我们将讨论正念的概念及其背后的心理学机制。

本节课还将深入讨论正念与自我关怀的关系，介绍正念练习的基本方法，在练习自我关怀过程中会用到的正念场景，以及一系列实用的正念练习，可以帮助你在日常生活中实践正念。

正念是什么

正念是一种大脑的状态，是指将注意力放在当下的体验上，带着好奇、开放、接纳的态度，对内在和外在的发生保持觉察。正念状态可以通过特定的训练获得。受到外界刺激时，我们通常会以习性反应来应对，就像处于自动驾驶模式[1]一样，我们对自己的身体

1　指人们基于习惯和条件反射而非清醒觉察状态下做出的反应和行为，就像开车回家，几乎不需要思考路线。压力大时，人们习惯性无意识采取如刷短视频、吃零食等特定的应对机制，就是一种自动驾驶模式。

感受、想法、情绪都没有清晰的觉察，所以常常被束缚在原有的习性反应模式中。然而，当我们进入正念状态时，刺激和反应之间的距离就会被拉长，给我们创造时间和心灵上的空间重新做出选择。这个新的选择是我们在意识清晰的状态下做出的选择，很可能有别于我们的习性反应模式，即便选择的内容本身跟习性模式的选择一样，但也有本质的不同。通过一次次的正念觉察，观察和调整我们如何反应，我们就有可能突破被限定的人生剧本，也会因此改变人生。

我听过这样一个故事：有一位脾气暴躁的美国军人接受了正念培训，一次他在生鲜超市购物，天气炎热，原本他已经很燥热了，超市的空调又不好，他很窝火，恨不得马上离开这里，却还要排队结账。排队等候结账时，他发现前面有一位推着婴儿车的女士，只买了一小把香蕉，显然她排错队了，她明明可以去旁边那个空着的快速通道（少于十件商品用的通道），这样他也能早点结完账离开这里。可那位女士不仅没走快速通道，还跟收银员攀谈，竟然把婴儿车里的小宝宝抱起来，给收银员看，军人更加生气了。"这里又不是托儿所？"他在心里默默说，"后面还有三个人排队呢！"还好，军人那时在接受正念培训，于是他控制着自己没有咆哮出声。就在忍无可忍之时，他闭上眼睛，做了三次深呼吸。等情绪平稳一些，他尝试睁开眼睛，正好看见女士怀里的小婴儿正在对他笑。终于轮到他结账了，此时他的情绪缓和了不少，于是他对收银员说："那个宝宝还真是可爱呢！"收银员显然很喜悦，她的眼睛亮起来："哦，真的吗？那是我的儿子。"接着，她的声音变小了，"我先生在战争中去世了,我不得不开始做这份全职工作,却没时间陪伴宝宝。还好我的母亲每天都会带着他来我收银的地方,这样我可以抱抱他,让他知道我有多爱他。"

军人突破了自己的习性反应模式,从自己大脑的故事情节里走出来,看到了一个崭新的世界,里面有不可思议的发现。

正念的工作原理

人类的大脑像一个相互连接的复杂网络。要理解它的反应模式,我们需要了解大脑的结构和分工。大脑的基部是脑干,向上延伸到负责我们压力反应的重要部分——边缘系统。防御体系的典型反应——战斗、逃跑、僵住、讨好,都由这个部分控制。边缘系统,特别是杏仁核,对管理基本的身体功能(如呼吸、应对压力)和强烈情绪(如愤怒、恐惧和厌恶)至关重要。边缘系统和杏仁核一直努力保护着我们,对潜在风险做出快速反应,人类才得以生存繁衍。

随着大脑不断进化,出现了负责审慎思维、理性决策、自我意识、同理心发展的高级区域,也就是位于前额后方的前额叶皮层。这个区域对解决复杂问题、创造力、规划和想象力的发展至关重要。然而,在压力下,大脑的习性反应常常绕过前额叶皮层,被杏仁核"劫持",使我们难以访问这些高级功能。这是一种自然的生物反应,我们的杏仁核没有意识到我们所处的环境已经随着时间的推移发生了显著变化。

正念练习是扭转习性反应的有效工具。约翰霍普金斯大学的四十七项研究表明，正念可以缓解焦虑和抑郁，提升幸福感，有效调节行为，并改善人际关系。针对大脑 MRI（核磁共振扫描）的研究表明，正念练习可以改变大脑结构。在参与完为期八周的正念减压项目后，被测者显示出杏仁核（战斗、逃跑、僵住、讨好中心）的体积减小，前额叶皮层（与理性决策和同情心相关的区域）的厚度增加。此外，这些区域之间的功能连接也发生了变化：杏仁核及相关活动脑区之间的联系减弱，而与前额叶皮层相关的脑区联系增强了。

自我关怀与正念

如果没有正念，我们可能不会觉察到正在受苦，更不会认识到自己需要自我关怀。我们习惯性地陷入解决问题的模式里，而不去处理心灵的伤口，因为后者是看不见的。

只有当糟糕的事情发生时，你才会觉察到：

"糟糕！"

"好疼！"

"我好难啊！"

"我需要一些自我关怀……"

这时的练习是最有效的，而不是等哭够了，气消了，甚至许久之后，你已经忘记自己受过伤，但是未经治愈的伤口总会隐隐作痛。英文中有一句话："You have to feel it to heal it（必须先感受到，才能治愈）。"我们必须给自己感受痛苦的空间，否则问题可能会被解决,但心灵的伤口从未被缝合和疗愈。

从现在起,尝试从两种新方式入手解决问题:一是在问题发生的当下,用正念的方式停顿一下,闭上眼睛问问自己究竟发生了什么,接着将自己的身体和情绪建立连接,哪个部位有怎样的感受,有怎样的情绪在那个部位呈现;二是先跳过逻辑,从心灵的维度介入,问问自己的心此刻是什么状态,想要感受什么,如何做会感觉好一点。

正念和自我关怀都是回归当下,让注意力重新回到自己身上,毕竟在这副身体和心灵之中,蕴藏着我们最丰盛的资源和宝藏。但正念和自我关怀又有一些差异:正念是客观如实地观察,它问我们究竟发生了什么;自我关怀是像好朋友一样给予自己最需要的,它问我们此刻需要什么。正念说,所有逆境和痛苦,跟平顺与快乐一样,都是无常,会来也会走;自我关怀说,经历痛苦的我依然可以对自己好一点。正念是cooling(降温练习),可以慢慢稀释这种"抵抗";自我关怀是warming(升温练习),可以让内心暖暖。正念有着宽广的胸襟,温和的好奇心,从不评判别人,它让你觉得很安全;自我关怀友善、柔软、温暖,让你随时想拥抱。

正念觉察对于自我关怀有三个重要意义:

第一,让我们在受苦的当下就能觉察,并对自己说:"此刻我正在受苦;我需要一些自我关怀,要对自己好一点。"

第二,让我们更加客观地看待我们经历的挫折与苦难,既不夸大它们,也不对它们视而不见。

第三，让我们从"自动驾驶模式"中驶出，避免被旧有的习惯带跑，而且保持觉察，对内在和外在的发生保持好奇心。

基本的正念练习

我在这里介绍一些练习正念的常见方法。

专注呼吸

只要你会呼吸，就一定会正念。

我们之所以觉得正念困难，一是因为我们从来不曾学习如何驾驭大脑，这个训练在当代社会是极其缺失的。我们的大脑完全不受控制地思考，只有当我们开始观察它如何运作时才发现：大脑活动根本"停不下来"。有人因此失眠，无法抑制被想法席卷，在情绪里反刍，因此引发各种功能性障碍和心理疾病。无法训练大脑为我们服务，还体现在因缺乏专注力导致工作效率低下，该休息时却总想着工作而过度消耗，畏惧困难情绪导致的拖延、逃避、内耗或上瘾，等等。

训练正念的方法很简单，简单到你几乎无法相信：只要把专注力置于一点——这个点被称之为锚点，通常是我们的呼吸，因为它从不间断——一旦发现走神了，就温和地将注意力拉回到呼吸上即可，不必对自己产生任何评判。

> **练习：专注呼吸** 🔊
>
> 请找到一个舒适的坐姿，同时，大脑是放松、稳定、清醒的。
>
> 当你觉得很安全时，就可以轻轻闭上眼睛。把专注力放在呼吸上，外界发生的一切都与你无关，你的世界里只有呼吸这么一件事。不管是什么抓取了你的注意力，只要觉察到，只需要温柔坚定地把注意力重新拉回到呼吸上来。一开始练习，你可能发现自己很难专注，请对自己保持好奇、耐心、不评判，坚持下来就是胜利。

身体感受：建立与身体的联结

接下来，我们将通过非评判的方式来探索身体感觉的领域。当我们留心身体里发生的体验时，我们就完全植根于我们的生活中，无论是工作、家庭，还是其他所有领域。与身体感受重新建立联结，就是我们在宇宙中"扎根"的方式，也是回到当下的方式：我们的头脑永远在时间隧道里"穿梭"，不是在过去，就是在未来，但我们的身体，就像呼吸一样，永远都在当下。

与我们的身体失去联系的第一个后果是，我们无法听到那些对健康和福祉至关重要的信息。这种与身体的脱节也限制了我们感知和理解他人的能力。只有当我们与自己的身体感受和情绪保持联结时，允许我们与他人同步的镜像神经才会被激活，我们才可能共情他人。因此，对我们身体的觉察是与他人产生联结的关键。当我们与我们的身体断开联系时，这意味着我们正在从我们对爱、快乐、慈悯、创造、直觉的感受和体验中抽离。我们必须一次又一次在这个充满生命力的宇宙中扎根，跟身体保持联结，才能感受到爱，才能庆祝生命每一刻的发生。

我们先来做个在身体上"扎根"的小练习。

> **练习：身体扫描** 🔊
>
> 请先找到一个舒适的姿势，保持稳定和清醒，先通过一组深呼吸，让自己放松下来。现在，请尝试跟身体的感受去联结，你可以想象自己在一片软绵绵的草坪上，头顶有一束温度的光芒，温和地照射着你。光芒缓缓地移动，尝试跟随它来感受不同身体部位：光芒来到你的额头、眼睛极其周边的细小肌肉、鼻子、嘴巴、下巴、整个面颊、后脑勺、耳朵、喉咙。感受这束光给你带来的温暖，这份温暖逐渐蔓延开来，来到你的肩膀、前胸、腹部、上背后、下背后，又来到你的骨盆、臀部。你的四肢也渐渐暖和起来，大臂、胳膊肘、小臂、手腕、手背、手心和十根手指；光芒向下移动，来到你的大腿、膝盖、小腿、脚踝、脚背、脚掌、十根脚趾头。照耀你的光束越来越柔和，光圈越来越宽广，把你完全包裹起来。请在温和的暖意中从头到脚快速扫描全身，感受每

> 一块肌肉、每一寸肌肤被光抚慰的感觉。当你准备好时，
> 请把注意力带回呼吸上，感受空气轻拂脸颊。祝贺你，
> 完成了身体扫描练习。

在做身体疗愈工作坊时，我问参与者"此刻身体里有怎样的感受"，因为对身体感受的长期疏离，大部分人都很难对当下的身体感受进行精准描述。身体内部的感受是我们体验情绪，发展同理心，培养洞察力的信息库。在工作场所，我们把所有时间花在解决问题、计划、决策、分析上面，常常忽视我们的身体感受，除非它涉及极端的不适与疼痛。然而，即使我们没有注意它，我们经历的爱、伤害、愤怒、兴奋，包括上瘾行为，每一次都是由身体感觉所驱动的：当你因为同事没有做到他分内事而生气时，那种愤怒伴随着身体中的感觉一起升起。你可能会感到燃烧、收紧，这也许是一种力量的爆发。当你对周末徒步的计划感到兴奋时，你感到轻盈、愉悦、心之向往的膨胀。

这些感觉没有好坏之分，因为它们为我们的明智决策提供了重要信息。通过正念，当我们感到愤怒时，可以在那个经历中做出选择——追随习性去发泄，或是仅仅专注于愤怒的强烈感觉，观察它们的升起、变化和消散；当我们感到欣喜愉悦时，可以仅仅关注当下的感受，而不是因过度迷恋执着于自己的欲望。

通过对身体感受的观察，我们练习的不是立即反应，而是与我们正在经历的感觉保持同在。即使面对的是愤怒、焦虑、痛苦或渴

望这样强烈的感觉，我们只要注意到它们像呼吸一样升起和消散，就能更智慧地选择行动。

对于身体感受的练习，可以从觉察感受，并对每一个感受"命名"开始。接着，练习带着好奇与非评判的态度观察感受，而不是急于反应，看看最终会发生什么。

练习：STOP 停下来 🔊

一天中请多次跟自己的内在联结，联结的方式就是通过这些"带着觉察停下来"实验，步骤如下：

S - Stop and Take Stock 停顿盘点：问问自己身体感受如何？你会如何命名这些感受？

T - Take a Breath 觉察呼吸：将注意力锚定在呼吸上，身体放松，头脑安静。

O - Open and Observe 开放观察：逐渐扩大觉察的范围，观察自己的表情、姿态、身体所在的空间，以及其他感官带来的体验。

P - Proceed 再次投入：保持温和、好奇、不评判的态度，带着同一份觉察，回到之前做的事情，看看有没有什么新的发现。

观察情绪

跟感受一样，我们的想法和情绪也是无常的，我们可以练习如何觉察情绪。

> **练习：觉察情绪和想法** 🔊
>
> 请保持端正的坐姿，找到既稳定又清醒的状态，把专注力放在呼吸上。尝试回想一个近期发生的让你产生一些消极情绪的小事件。通过几次呼吸让自己回到当时的情境：究竟发生了什么；有哪些人在场；他们说了或做了什么；这些让你产生了怎样的想法；你会如何描述自己的情绪；观察一下你的情绪，它是单一的，还是复杂的；是有一种情绪占主导，还是几种情绪此起彼伏。请在这里停留一会儿，就像看电影一样观察这些情绪，不需要入戏，也不需要抽离。
>
> 接下来，请做二十个深呼吸。等你做完，请再观察一下此刻的身体感受和情绪感受，它们还跟之前一样吗？发生了什么变化？你还会用同样的词汇描述它们吗？你的想法是不是也有一些松动？

在多次练习中，我发现了这些关于情绪的秘密：

1. 情绪不是一堵坚固的墙，它会自然升起，也会自然落下，只要我不抓住它不放，它总有消散的时候：我不再惧怕困难情绪，只要如实地看见它就好，知道它既然会来，也必然会走。这样我就不再有情绪内耗，不会因某天情绪不好被困住，我会把注意力放在对自己有帮助的事情上。

如果对情绪这个特质感兴趣，可以做一个情绪的"跟踪实验"。在一天中关注几个情绪的升起，例如：无聊、愤怒、焦虑、忧伤。挑选三个情绪跟踪，并记录它们升起和消散的时间，还可以留意它们程度的变化。

2. 所有情绪都是信使，都带着一些信息而来，积极情绪如此，消极情绪也是如此。只要愿意接纳它们的到来，就能看到它们想要传递的信息。例如愤怒是想告诉我，这个人触犯了我的边界，我需要如实沟通；而焦虑则是提醒我大脑可能过于活跃了，不妨动动身体，开始行动；森林里徒步的轻松愉悦感告诉我，每周都要安排一次大自然里的有氧运动。

3. 我的情绪不是"我"，它只在当时代表我的一部分而已。我还有很多部分，并且这些部分随时随地都在变化，我不需要过度认同这个情绪，我可以随时抽离出来，站在更广阔的视角看看我还有什么其他选择。

一个很好用的方法就是"情绪命名[1]"：当你能看见情绪并命名它的时候，你一定已经不再全然投入这种情绪了。对于一些经常出现的情绪，你甚至可以给它们起个搞笑的昵称或形象。当我发现自己有一种倾向：不好的事情发生时，总想要去责难于身边的人，但同时感受到这样是不公平的，于是转向自己生闷气。直到有天看到

---

[1] "情绪命名"或"将情绪创造性地想象成一个形象"等技术在心理学中叫作"解套"。该技术的关键在于当我们觉察被情绪套住时，就从套中解脱出来并跟情绪保持距离。

"愤怒的小鸟",它的神态精准描绘了这个情绪。一旦觉察自己在生气,我就会联想起这只橘红色的小鸟,也不会再闷闷不乐了。

4. 很多时候,情绪并不是单独出现的,通常有几种情绪混杂起来,就像不同颜色的毛线缠绕在一起,厘不清头绪。如果不能清楚地看见它们是什么,就更会增加无助感;尝试带着好奇心探索一下,我都有一些怎样的情绪,它们分别是什么,给我带来怎样的感受,又带着什么信息,这样就像把乱作一团的毛线按颜色分类,梳理归纳后就清清楚楚了。

心理学有一个术语叫作"情绪粒度",即用精准的词汇细腻地描述情绪。研究表明:对情绪的识别越敏锐、精微,我们就越能理解自己的情绪,也就越能驾驭引发情绪的情境。

5. 想法跟情绪是相互影响的:有时可能是想法引发了情绪,情绪又可能滋生更多的想法。一些想法隐藏得很深,可能不易察觉;但情绪却像是晴雨表,可以被我们直接感受到。我们可以通过情绪去探索它背后隐藏的想法,再来看看这些想法是不是真实存在的。

冥想的分类

学术界对冥想没有统一的定义,但普遍认为它的训练对象是注意力。于是,鲁兹安托尼(Lutz Antoine)等研究学者按注意力的对象将冥想做了分类。

专注式冥想(Focused Attention Meditation,简称FAM)是指将注意力专注地集中于特定的对象上,对于提升专注力非常有效。

专注于呼吸,也有很多种方法,例如观察呼吸的强弱、深浅、快慢、上一个呼吸和下一个呼吸存在的微小差异，以及呼吸之间的空隙，还可以观察随着每一次呼吸，身体不同部位的感受，通常感受明显的有鼻孔、胸部、肩膀、腹部等。除此之外，数息也是经典练习，既可以数呼吸的次数，也可以数吸气和呼气，甚至一吸一呼间停顿的秒数……

对于某个身体部位静止或动态感受的觉察，也可以是锚点。例如正念行走时，脚掌不同部位与地面接触的前后顺序、触感的轻重，或是瑜伽和舞动时的身体感受。一些练习者会刻意将眼睛关闭，更加专注于身体的感受。

其他感官感受也可以作为锚点，例如听觉——专注于倾听一种或多种声音，嗅觉——专注于一种或多种气味的融合，以此类推，味觉、触觉、视觉都可以作为专注式冥想的观察对象和素材。自然环境中的素材并不是稳定而持续的，感官冥想可能受到不确定因素的干扰，例如闭上眼睛做步行冥想或舞动时，需要同伴或引导，以确保练习的安全。

观想也常作为专注式冥想的普遍训练方法。观想的对象既可以是某个具体形象（例如莲花、太阳、和蔼可亲的人物），也可以是自然景象（湖泊、群山、树林），既可以是动态的，也可以是静止的，或者时静时动。例如观想莲花从一朵花蕾缓缓绽放直至饱满，再慢慢闭合，也可以想象一个重复出现的词汇或短语，观想它以字符的形式出现，还可以在心中默念。

专注式冥想的训练不仅可以帮助我们保持觉察，回归当下，还能持续训练大脑按照我们需要的方式运行，就像手持遥控器，想开就开，想关就关，想看哪个频道，就看哪个频道，还可以屏蔽掉所有其他干扰，只在一个频道中专注稳定地投入。

开放监控式冥想（Open Monitoring Meditation，简称 OMM）是通过开放的觉知，对当下的所有体验（包括身体感受、想法和情绪）保持觉察，让专注力变得宽广灵活。这时候，我们的觉察犹如一面平静的镜子，能映照出内在与外界发生的一切：这边的桂花被秋雨打湿，那边的天空飞过一行大雁，近处有人在喃喃细语，远处环绕小山的暮霭正散去……但没有什么占据我们全部的注意力，所有发生就像放电影一样，在我们面前呈现又淡去，我们也仅仅是观众，不去参与，没有评判。就在这种全然的觉知中，万物的联系逐渐呈现，心灵的特质被激活，内在的智者被唤醒，我们觉察的空间变得越来越宽广。

专注式冥想和开放监控式冥想的区别在于对注意力不同维度的训练：前者主要训练的是注意力的稳定性，佛教中的禅定就是典型的专注式冥想；后者如它的名称所示，着重于训练注意力的监控能力，例如广泛性（眼观六路、耳听八方）与灵活性（在不同观察对象间灵活切换），因此还能够提升练习者心理调节的能力。在实际生活中，两种训练方式经常融合。

最初的练习，我们可能发现脑子里有五百只猴子跳来跳去，自己很容易被纷杂的念头带跑，留意到走神儿已经是许久之后了。但是坚持正念练习一段时间后，我们发现大脑开始听话了，大脑活动的确在减少，消耗也变少了；此外，觉察的能力也提升了，由之前对大脑神游无知无觉，走神儿一大圈许久发现，到几乎能够在当下有所觉察，选择对我们有帮助的行动，脱离习性反应；有些小伙伴甚至对自己的起心动念了如指掌，觉察发生在行动之前。

随着练习的深入，我们观察的对象也在不断扩展，开始观察想法、念头、情绪。当觉察到它们并不是恒持不变的，跟客观事实存在差距，对我们也并没有实际帮助时，我们就可以选择是否要坚持这个想法、念头或情绪，这样就可以从旋涡中走出来，不被它们牵扯、控制或影响，把注意力放在对自己有帮助的对象上。

此外，还有一种冥想叫作慈心冥想（Loving Kindness Meditation，简称 LKM），我会在后面详细介绍。

自我关怀中的正念练习

我在这里介绍一些自我关怀中会遇到的情况，正念练习可以提供解决方案。

观察抵抗

蜻蜓点水般练习正念，一点也不难，难的是持续处于正念的状态：据不完全统计，人类一半时间都是三心二意的，所以，八十岁的老人很可能浪费掉四十年的生命。

我们的大脑结构决定这些特质，追根溯源都是为了生存进化：

1. 人类很难放松，因为放松下来，人类祖先就会遇到危险。

2. 人类的注意力很难集中，因为我们的祖先只有眼观六路、耳听八方，生存几率才更大。

3. 人类大脑具有消极倾向，因为总是关注消极事件和情绪，才能及时发现并解决问题。

4. 人类过于关注"自我"，注意力变得狭窄，容易陷入对过去的懊恼和对未来的担心中。因为不汲取教训，下次运气未必那么好；不未雨绸缪，就真的会被淹死或冻死。

正念练习可以觉察并扭转大脑的这些习性，但这些习性又恰恰是正念的挑战。无论是正念，还是自我关怀，都跟人类进化形成的大脑特质与习性不一致，所以都需要刻意练习。然而，人类天生有很强的抗争精神，尤其是当我们面对新的练习所带来的不确定性，并不愿走出舒适圈。这是大脑的自我保护，但抵抗也是我们受苦的本质原因。

疼痛和受苦是不一样的。疼痛是一种客观存在，是不可避免的；但是受苦，根源于我们对外界刺激的反应。崴脚很疼，但我们可以选择不去加重这个痛苦，不负隅顽抗，这样疼痛仅仅是来自崴脚的疼，但是要加上因崴脚不能跑步、跳舞、做瑜伽、赚钱、旅行……以及对自己走路不留神而崴脚的悔恨懊恼而疼，那就是来自崴脚之外的受苦了。我们越不接纳，就越消耗，抵抗越狠，受苦越深。著名冥想导师杨增善（Shinzen Young）提出了关于受苦的著名公式：

$$受苦的程度 = 疼痛本身 \times 我们的抵抗$$

（suffering = pains × resistance）

我们先来通过一个正念练习来觉察我们本能的抵抗。

练习：觉察抵抗

持续静坐十分钟以上。

静坐指的是保持脊柱的正直中立，坐在椅子或蒲团上，要点是保持同一个姿势至少十分钟，并观察这个过程中自己的感受和情绪变化，识别自己的抵抗情绪。目标是在加长练习时间的设置下，看到本能的抵抗以及抵抗的不同对象，也许是疼痛、烦躁，或无聊，以及对于觉察到的抵抗的抵抗。与此同时，体会放下抵抗的可能性，观察可能因此带来的转化。当放下抵抗时，再看看曾经令你不适的感受是否有变化，起了怎样的变化，不舒服的位置、强度、方式有何改变。你会发现，感受并不是恒定不变的，它们会自然升起，也会自然落下。

这个练习也可以带到生活中，看看我们在什么情况下会抵抗。我自己的一个很明显的例子就是做阴瑜伽时，如果某些开髋体式持续时间太久，我在不知不觉中会募集全身力量去对抗开髋带来的疼痛。当我觉察到自己的抵抗时，并把觉察带到身体上来，我会发现全身肌肉都很紧张，情绪也很焦灼，希望这个难受的动作赶快结束。如果我放下抵抗，把身体交给大地，让重力帮助我完成这个练习，我依然会感到髋部拉伸的疼痛，甚至是更加剧烈的疼痛，但这个疼痛会变化，我对它的承受力也在变化。然而我身体其他部分是放松柔软的，甚至身心是轻松愉悦的。就是在瑜伽中的觉察抵抗练习中，我第一次体验到身体很疼痛但心灵很松爽的状态。

应对练习中的"回燃"

为什么练习自我关怀会让我们更加疼痛呢？这是练习初期，很多伙伴们遇到的问题，也是促使一些人觉得"没用"或者"太疼"而停止练习的原因。其实我们并不惧怕"自我关怀"本身，让大家觉得难受的是回燃现象（Backdraft，也有人翻译成"逆反心理"）。

Backdraft原本是一个消防术语。消防员在救火现场，进入房间前先会把手放在门上感受里面的温度，如果门很烫，就说明里面有火，这时候冲进去抢救，外界的氧气也会进入产生回燃，导致火势更加凶猛。这种情况是危险的。

所有受苦的心都有这样一扇灼热的门，之前，我们的心是封闭的，虽然知道自己在受苦，但这仅仅存在于头脑层面。被小心翼翼保护着的心，跟这些痛苦感受始终保持着距离，但自我关怀练习让我们的心门敞开了，当爱与慈悯涌进去时，那些疼痛会涌出来。

这些疼痛不是自我关怀制造的疼痛，而是原本的旧伤，它们一直在那里。

如何面对这些疼痛呢？没错，先不要急着抵抗，我们曾经提到受苦程度 = 疼痛 × 抵抗，越是对抗，就越疼痛。

首先，我们来识别一下回燃现象，它有以下几种表现形式：

· 心理上：产生"我很孤独""我不值得被爱""我很失败"等想法。

- 情绪上：感到悲哀、恐惧、羞耻等。
- 身体上：出现负向身体记忆、疼痛等不适感。

"回燃"会引发以下形式的"抵抗"：
- 过度思考。
- 身体不适。
- 退缩。
- 心神不定。
- 自我评判或挑剔他人。

在练习过程中，如果出现了"回燃"，可以用以下两类方式应对：

1. 为自己留出更多心灵空间，继续读书，尝试做其他练习，但不用去做引发回燃的练习。

2. 践行正念，当我们情绪激动时，用正念锚定我们的注意力，让它跟身体联结。

具体说来，以下小技巧都很有用：
- 觉察并叫出它的名字：啊，原来这就是回燃呀！
- 进一步探索回燃带给我们的身体和情绪感受。
- 找到这些情绪在身体上的呈现后，用自我关怀的方式温柔对待，例如舒缓的抚摸和触碰。
- 将注意力转向身体中存在的中性感受，而无须认同消极或积极的感受。

・将注意力转移到身体的边界，例如去感受脚底的感觉，这可以让我们重新与大地连接；或者去感受风在面颊上的舞动。

・将注意力转移到身体的感官感觉，例如听觉、视觉、嗅觉等。

应对更加猛烈的"情绪暴风雨"

在练习中可能出现极端的情绪反应，犹如突如其来的暴风雨，之前提到的方法未必立马见效，这里为大家提供几个能够快速平复情绪的方法，以备不时之需。

1. 安全着陆

如果感到自己已经卷入到情绪的暴风雨中，请先感受一下扎根于大地的双脚——脚步跟大地接触的感受是怎样的；脚底哪些部位接触地面最多；哪些区域感受压力较为明显；地面的硬度如何；脚掌的温度如何；轻轻移动一下重心，脚底的感受又有什么变化。

当我们稳稳地"着陆"之后，请尝试在环境中寻找以下事物，并轻声说出：

5个你听见的声音，例如音乐、对面人的交谈、键盘声音、自己的呼吸、脚步声。

4个你看见的东西，例如水杯、桌子、植物、玻璃。

3个你闻到的气味，例如空气里桂花的香气、红茶的气味、隔壁桌女孩的香水味。

2个你触觉的感受，例如手指接触键盘的感觉——滑滑的。

1个你尝到的味道，例如红茶温润的味道，不苦不甜。

2. 冷水降温

人类有一种叫作"脸部浸泡反射"（Mammalian Diving Reflex）的生理反应，也叫作潜水反应。当面部浸入冷水中时，会自然减缓心跳，降低代谢，缓解压力和焦虑情绪。此外，冷水还会促使我们的身体分泌内啡肽，让我们感觉良好。如果有条件的话，可以用冷水浸泡或冲冲脸；还可以带一些湿纸巾在身上，需要时擦拭一下；当然，喝冷水也有一定用处，但要注意天气条件，保持肠胃健康。

3. 运动起来

运动可以释放多巴胺，快速调节情绪。如果情绪不好，下楼跑步，甚至快速上下楼，在自然环境里扭转拉伸，让心率提升起来，都是有效的方法。

4. 一紧一松

渐进式肌肉放松（Progressive Muscle Relaxation）通过依次收紧并放松身体的每一组肌肉，能够让我们感受到肌肉紧张和放松之间的差异，并从压力的反应模式中转移出来。可以尝试把专注力放在身体肌肉群，先收紧，再放松：从臀部开始，收紧停留五秒，放松停留五秒，再分别收紧并放松大腿、小腿、双脚、大臂、小臂、双手、胸部、腹部、肩膀，最后到面部……之后，还可以练习全身肌肉整体收紧，再彻底放松。这个方法通过收紧与松弛肌肉的对比，很自然地让我们找到身体放松的感觉，还可以激活副交感神经，减少身心压力。

5. 倒立鞠躬

倒立也可以激活副交感神经，有助于缓解压力，愉悦身心。同时，新鲜富氧的血液能够改善大脑功能，释放神经递质，帮助平衡激素水平。当然，我们很难随手做个倒立，但可以通过深深鞠躬来获得倒立的一些益处：就像瑜伽拜日式的站立前屈，从腹股沟处将身体折叠前弯，让头部位于心脏下面。当然，在公共场所鞠躬也许会很奇怪，我就会假装自己在找东西。只是采用这些方法时，起身不要太快太猛，否则会引起体位性高血压，头晕目眩。

风险提示：如果这些方法对你来说收效甚微，你依然受到严重的情绪困扰，或者最近一段时间出现明显的焦虑和抑郁症状，我会推荐你去正规医院获得精神科医生的专业诊断，然后综合判断哪种干预方案更合适。

如何养成正念的习惯

畅销书《原子习惯》的作者詹姆士·克力尔提到，建立习惯有四个法则，我们可以把这些法则运用到包括正念和自我关怀练习等所有新习惯的养成中。

显而易见（Obvious）：正如医院想让病人们少喝饮料多喝水，就把矿泉水放在了更加显眼好拿的位置上，于是病人们更多选择了矿泉水，饮料的销售量随之变少；减肥教练会推荐订阅健康减脂餐，一日三餐准时出现在面前，胡乱饮食的概率就小了。我们也要让正念练习变得显而易见，不会被忽略。我在客厅安静的一隅配备了舒适的冥想垫和毯子，还准备了精巧的颂钵和适用于冥想的檀香精油。清晨，空灵的钵响就是我正念练习的开幕式。

有吸引力（Attractive）：训练心肺功能需要有氧运动，有氧运动的方式又有许多种，很多人选择跑步，但跑步给我的膝盖带来了压力，所以我会选择自己喜欢的有氧方式，例如跳舞和在大自然里徒步，让这项训练变得有吸引力。对于正念，也有不同的训练方式，对我有吸引力的包括：跟随老师音频引导，参加线下静修，跟日常生活结合，例如每日晨茶、正念行走、带着正念做瑜伽或舞动等等。

容易（Easy）：让门槛低一些，与其设立每天跑五千米的大目标，不如设立跑一千米的微目标。正念练习也是一样，从三分钟静坐开始，如果三分钟时间到了，既可以继续练习，也可以将这个任务标记为"完成"。"完成"会让我们自我感觉好，这本身就是一种正向反馈，而新的习惯通过不断收集正向反馈更容易建立。除了微目标，我们还可以通过"打包"让练习变得容易，把正念这个新习惯跟已经养成的习惯打个包，前后连着。我会在瑜伽结束后静坐三十分钟，这个时候念头相对比较少，很适合正念练习。在八支瑜伽的传承中，在呼吸（pranayama）和体式（asana）结束后，就是冥想的练习，而瑜伽体式是为之后冥想做准备的。很多正念练习者也提到，其他方式的运动（如跑步、拉伸、舞动）之后冥想更有效。此外，广泛性焦虑症（GAD）、注意力缺陷多动障碍（ADHD）患者发现通过运动释放能量后，再去冥想则更容易进入状态。

有满足感（Satisfying）：让正向反馈来得更猛烈些，可以在完成任务后立即给自己一个奖励，让这个任务的整体体验成为积极正向的。例如正念冥想结束后，可以立即记录自己的收获，到大自然里走一走，奖励自己一顿丰盛的午餐或甜点。这样就可以激励下一个行动的循环。

Week3　积极倾听

斯坦福自我关怀课跟其他体系的自我关怀课程的一个显著不同是加入了"倾听"的训练，因为倾听本身可以唤醒诸多心灵特质。这节课讨论了积极深入倾听的关键点，也指出了倾听过程中可能遇到的障碍。此外，课程还通过实际案例和练习，展示了倾听如何成为体验慈悯和表达慈悯的极佳方式。通过倾听，我们可以更好地理解他人，建立信任和共情，从而在人际关系中创造信任、安全和支持的环境。

习性反应让人很难真正倾听

平日里，我们总是在说，却很难真正听别人说。哪怕我们沉默不语，但思绪早已经飘到九霄云外；我们睁着眼睛，盯着对方的脸，但在大脑里要么想我们自己的事，要么酝酿接下来究竟要说什么。就算听到一些内容，也常常是断章取义，只听到我们想听的，或者戴着有色眼镜对听到的只言片语萃取加工。

有色眼镜在此并不完全是贬义，因为我们都有各自的成长经历,读过的书、爱过的人、走过的路、写过的作业,都从某种程度上塑造了现在的我们,也限制了我们。因此,我们听到的东西跟对方原本表达的差别很大。哪怕我们每个字都听得全神贯注,但是否能听到对方未表达的那部分呢?研究表明:通过语言交流的信息仅仅占30%,大部分信息藏在表情、语气、肢体语言里,还有一些言外之意,需要一方揣断,或者在安全的场域下,通过追问和确认,才有可能被发掘出来。

我们为什么要倾听?了解对方想要表达和实现的。

所以倾听很简单,就是让对方尽可能充分表达自己,讲述自己的经历、故事、观点和主张。

在写这一部分时,我特意去查阅了一些关于倾听的书,发现大部分书籍的目标是通过倾听,促使对方实现自己的目标或共同的目标,所以更像是沟通、说服或谈判的技巧。我们所练习的倾听仅仅是跟对方一起踏上一段旅途——由对方领航的、关于对方的旅途,我们仅仅是观察者和陪伴者。

倾听的阻碍

课程中,我们讨论了积极深入倾听的阻碍。

1. 急于剖析并找到原因:

"你为什么那样做?"

"你老板肯定被洗脑了。"

寻根究底是侦探的工作,没有调查研究就下定论会让对方感到被评判,尤其是直接追问对方行为的动机,会让对方感到压力而启动防御体系。

2. 急于给对方建议:

"我认为你应该原谅你先生。"

"我不觉得你需要减肥。"

很多时候对方表达一些看似困惑的观点或经历,其实只是想要倾诉而已,并不需要外界的输入。

3. 把对话焦点转向自己:

"我以前也对我太太失望过,但我……"

"我也遇到过这样的约会对象,跟你分享一下怎么破解……"

这是我们常常犯的错误。我们直觉上觉得,通过表达跟对方相同的经历、境遇和挑战,能够更拉近彼此距离,并且急于分享自己的故事、心得和体验,但我们或有或无地把聚光灯照在了自己身上,又让自己变成了主角。只要我们忍住冲动,继续听下去,就可以发现对方有自己的故事线,有自己的逻辑和判断,也有解决难题的技巧和方法。

4. 否定对方的描述或观点:

"她就说了这些吗?听起来没啥问题呀!"

"你想太多了……"

直接否定,无论是针对对方的观点或是感受,都会促使对方完全封闭起来,不再愿意表达。例如,一个女孩说妈妈的一位男同事常常拉着她的手,说她皮肤白,这让她觉得这个人很猥琐。她跟妈妈讲起这件事表达自己厌恶的情绪时,妈妈竟然说:"这又怎么了？你想多了。"从那之后，女孩再也不跟妈妈交流关于青春期的话题了，因为妈妈不仅直接否定了她的感受（厌恶），也否定了她的直觉判断（这个人有问题）。

否定还包括没有全神贯注地倾听。有一次我在跟 Joey 讲述最近的困惑，他却在不停用语音回复群信息，我在耐着性子等候他回复了两次，又准备回复第三次时，实在受不了了，我对他说："你根本没有在听，我不想说了。"这时候我已经选择完全封闭自己，如果类似情况反复出现，就很可能导致其中一方永久性关上沟通的渠道。

5. 把自己难以接受的东西投射给对方：

"你总是遇到坏男人，得好好复盘一下。"

"她怎么总在背后议论别人？"

这一点不太容易理解。心理学把"投射"定义为：对于自己难以接受的想法、感受、动机，出于一种自我保护机制，无意识地投射在别人身上。例如自己觉得表姐过于宠溺孩子，其实是因为自己对孩子千依百顺；又或者觉得对方非常自私，是因为自己性格中有以自我为中心的一面。投射在倾听过程中，常以内在心理活动的方式出现，有时则会以给对方建议或诊断的方式出现，这些可以给予观察和重视。

6. 评判对方：

"你那样做也太缺心眼了。"

"你怎么会做出那样的事？"

我们每个人都有很个性化的价值评判体系，用这个标准去评判别人有失偏颇；此外，我们所了解的信息不过是冰山一角，不足以做到客观全面。最重要的是，评判很容易启动对方的防御体系，从而使对方封闭起来。

7. 急于让对方感觉好一些而展开的拯救：

"我也讨厌我的外貌。"

"大家都很喜欢你呀！"

还有一种典型的拯救场景就是害怕长时间的安静，于是总是想说点什么打破这种安静。

8. 给对方下"诊断书"：

"你小时候肯定被洗脑过。"

"很明显，你小时候跟你爸相处受过创伤。"

我们不是医生，更不是对方世界里的权威，是不能妄自下诊断书的。我们出具的诊断书可能有失偏颇，会误导对方；还可能带着不自知的傲慢，让对方关闭了话匣子。

9. 修复，类似拯救和建议：

"我去跟你丈夫聊一下。"

我们的目标不是给建议或解决问题，而是让对方的心灵敞开，安全地表达。所以尝试修复的主张都着眼于外部秩序的维护，而我们关注的恰恰是内在秩序。

做到积极深入倾听的要点

能够培养心灵特质的倾听是积极且深入的，它的准备动作如下：

1. 在倾听的时候，保持安静和投入，让对方表达，不要打断对方。

2. 始终保持目光的接触，不停看手机或者看表，都会阻碍有效倾听。在对方说话的时候查看手机，会让对方感到自己不被尊重，或自己分享的内容不重要，这几乎等同于直接说"我对此完全不感兴趣""我更关注什么时候能离开"或者"手机上的内容比这有意思多了"。如果非要看手机不可，可以提前和对方讲清楚并致歉："我在等一个重要信息，所以可能需要每隔一会儿就看一下手机，请你谅解。"或者设置一个闹钟，并知会对方，例如："我需要 4 点左右去接孩子，请不要介意我先设置一个 3:55 的闹钟，咱们有大概一个钟头的时间。"

一些对谈，可能需要记录，建议用纸笔或录音笔的形式并给予对方提示。研究表明：用电子产品，如手机备忘录或笔记本电脑做记录比传统记录方式（纸笔）更多干扰到交谈者，尤其是电视会议。如果我需要记录，我一定会提前跟对方说明："接下来我可能会做笔记，如果敲击键盘的声音干扰到您，请一定跟我讲。"

3. 舒展的身体语言，避免过于紧缩的姿态，例如翘着二郎腿，且双臂交叉于胸前。这样的姿态很容易让对方感到停滞的封闭的能量。紧缩的除了身体，还有面部表情，眉头紧锁、面部紧绷自然不是敞开的，有意识地提醒自己舒展眉心之间的距离，还可以用中指和食指分别抵住眉头的位置，在呼气的同时，轻轻向两边推开，就像想去抚平川字纹一样。接着，双肩自然下垂，远离耳朵，锁骨轻轻向两边展开。

还有一种很流行的博取对方信任和好感的方法，叫作照镜子，想象自己和对方中间有一面镜子，模仿对方的动作和神态。如果对方手托下巴，你也自然地用手托住下巴；对方喝了口咖啡，你也接着喝一口咖啡。这是因为人类大脑中的镜像神经元，促使我们倾向于对跟我们自己保持一致性的人产生好感和信任。

4. 保持好奇心，像在聆听一部精彩小说一样，跟随对方的带领去探索他的世界，你可能会发现很多有趣的地方。其中必然有你不太理解的方面，但不要急于问问题，而是全然地倾听，在这个过程中看看你曾有的疑惑有没有被揭开。至于问题，总有机会可以交流。每个人讲话的风格不一样，有人说话速度很快，妙语连珠，金句频出，也有人讲话慢吞吞的，表达没有很优雅，观点也并不犀利，甚至都说不上清晰。观察你内在的情绪，如果发现有评判和烦躁升起，可以尝试在接纳这些情绪的同时，带着一些好奇心去探索对方的旅途，这些表象背后发生了些什么。

5. 尝试去理解，而非被理解。倾听的目标不在于自己有没有机会表达，我们的观点和主张是否得到理解和认同，而是对方有没有机会完整地表达自己，我们有没有通过倾听理解对方。

6. 复述你听到的，确认理解没有偏差，在确认的过程中，尝试重复对方使用过的词语。例如"我听到你刚刚说×××，对吗？"复述后，再跟对方确定"我的理解对吗？"或者"我错过其他信息了吗？"

7. 请求更多信息。如果对方表达完毕，你还是不能完全理解，可以请对方做出具体解释："我不太理解你为什么会这样讲？"如果你想了解更多信息，就可以问："我觉得很有意思，能不能再跟我多说一些？"

倾听是我们表达慈悯的极佳方式

带着好奇心倾听，我们从自己的世界走入他人的世界，好奇心让我们敞开心扉。我们倾听的，不仅仅是对方的语言，还有 TA 的情绪、神态、肢体语言、未表达的需求。当我们真正地在倾听时，对方说的话会帮助我们唤醒一些心灵特质，使我们自己变得更加友善、开放、不带任何评判；而对方也会因我们的敞开而感到安全和信任，于是更愿意如实地表达。所有如实的表达都是有力量的，这种力量是温柔的，也是强大的，它本身就带着疗愈的力量。

在一次正念训练营里，一位学员提到自己跟心理咨询师的对谈：我跟她说了自己的经历，讲了一个多钟头，我才意识到时间过得好快。她全程没有说一句话，只是安静地倾听，中途我还看见她眼角流下一滴泪。她的共情让我觉得自己终于被看见了。等我讲完，她对我说："对不起，我没有办法 handle（处理）你的情况，我帮你转介绍给其他治疗师。今天的治疗费我不收了。"我回答说："你一定要收费，因为跟你聊完，我觉得自己已经被治愈了。"

还有一个我的亲身经历，经历本身跟倾听没有关系，却展现了一种需要被应用于倾听的态度。一天晚上，我叫了网约车回家，当时我正在听一个播客，上了车我才发现司机一边开车一边看直播。直播间的小姐姐在唱歌，司机等红绿灯时还跟她互动，时不时聊两句天，甚至刷红包。车里很吵，我无法继续听播客，同时担心司机开车有安全隐患，于是很窝火，我甚至想向平台投诉。还好距离不远，我很快到家了，在下车时，司机回过头，很温和地说："请注意安全。"就在那一刻，我感到了他的真诚和友善，于是，我终于开口问出心中一直存在的问题："师傅，您在看什么呀？""噢，"他羞涩地笑笑，"看我妻子唱歌呀，今天她头一次做直播。"那一刻，我的眉心舒展了，肩膀放松了，整个心灵区域变柔软了，慈悯与共情的洋流在身体里流淌开来："祝你老婆开播大吉，我也给您打个赏。"温和与友善会营造安全的场域，安全感会邀请我们真诚而勇敢地表达，好奇心能够揭示更多的信息，消除误会增进理解；当我们逐渐理解事情的真相时，就会因共通人性而感动，并对彼此产生慈悯和共情。司机为妻子第一次直播加油助威，从事实上看，依然是违规操作，却获得了我100%的理解，因为我知道，换作我自己的丈夫，我也期待他会这样做。

练习：积极深入倾听

1. 倾听TA的故事：运用你新掌握的倾听的技巧，邀请一位伙伴讲述TA最近遇到的一个挑战。倾听结束后，问问对方你的倾听方式给TA带来怎样的感受。

2. 记录倾听日记：回顾自己在倾听时，有没有想要去表达的冲动，心灵区域有怎样的感受，有没有一些心灵特质被唤醒，它们都是什么，记录你的体验。

3. 聆听宁静："静默是神的语言，其他都是蹩脚的翻译。"观察你是如何面对宁静的——当一个问题被抛出，没有人回应的那种宁静，你的身体有怎样的感受，你的情绪如何？尝试倾听这份宁静，看看宁静中孕育着什么样的信息和力量。

Week4　自我慈悯

在这一节课中，我们将展示如何"像好朋友一样慈悯地对待自己"的具体方法：首先是了解自己的真实需求，挖掘自己内心最为珍视的价值；然后通过建立自己的自我关怀资源库来给予自己支持；最后通过练习经典的慈心冥想，在自我关怀中获得力量。

像好朋友一样关怀自己

慈悯，是人类心灵的本能反应

有人说，看到餐厅服务员收拾餐盘时手被割破了，自己的心也在疼；看见同事被老板骂，就好像自己被骂了一样；看到外卖小哥雨雪天气送餐既辛苦又不安全，索性就不点外卖了。当我们看到别人受苦时感到疼痛的现象与大脑的慈悯机制相关。这种现象的神经科学基础可以解释为"镜像神经元"系统的活动。这些神经元在观察他人的行为时被激活，就好像是我们自己执行这些行为一样，它们帮助我们理解他人的行为和感受，甚至在一定程度上模拟这些感受。此外，功能性磁共振成像（fMRI）也发现，当观察他人遭受痛苦时，大脑中的痛苦处理区域会被激活，就像我们自己体验痛苦一样。

这表明，慈悯心是由人类的生理构造决定的，也是与生俱来的本能反应。慈悯是对遭遇的一种关切和联结，以及想要去缓解痛苦的意愿和行动。家人生病时，我们很容易体会到这种慈悯心，我们心疼他们，希望他们好起来，并愿意放下自己手中的工作，去照顾他们。当我们从网络或其他渠道了解到别人的不幸遭遇，哪怕是陌生人，我们心中依然会涌起关爱，为之落泪，并给予力所能及的支持，希望他们尽快走出困境，尤其是当我们跟受苦主体有相似的经历和体验时。

很难对自己慈悯怎么办？

可是，大多数练习者发现，纵然我们能对别人慈悯，对自己慈悯却有很多挑战。这可能因为：首先，人类对自我慈悯的理解存在负面联想。如果我们在成长过程中学到的是面对困难要坚强，而且坚强曾给自己带来益处和成功的经验，就可能会认为自我关怀意味着软弱。其次，我们担心自我慈悯会让标准降低，导致自我放纵，无法实现个人目标。此外，与自己的关系也可能阻碍自我关怀的发展，例如潜意识里认为自己不值得被爱、不配接受慈悯或关怀，这类人往往具有高羞耻感、低价值感，且极度自我苛责。如果成长经历中存在不安全的依恋模式，自我关怀的方法可能会让一些人感到矫情、不舒服。最后，还会有人把自我关怀和关注自己的需求，当成自私的表现，所以很难接受。

理解这些挑战能够帮助我们更好认识到为什么可能对自我关怀感到困难，帮助我们探索如何做到真正地关爱自己。

正因为直接对自己表达关爱是很有挑战的，内夫博士是这样定义"自我关怀"的：像好朋友一起对待自己，成为自己的同盟，而不是批判者；作为同盟者就要关注和满足自己的需求。我真的想象出了这样一位好朋友：她的名字叫娜娜；她温柔善良，慈悯有智慧；最重要的是，她了解我但不评判我，爱我却不讨好我，她总会很合时宜地给我真诚中肯的建议。当我遇到挑战时，我会时不时邀请娜娜跟我谈谈心。

在接下来的这个练习里，我们将探索"朋友对自己"和"自己对自己"在态度和观点上具体有什么差异。

练习：朋友与我

你的好朋友遇到了一些麻烦，可能跟事业、关系或健康相关，TA约你出来向你倾诉。请选择一个具体的麻烦，想象朋友跟你诉说了这个遭遇和烦恼。听完TA的倾诉，你的身体和情绪是怎样的，你会如何反应，你对TA说了什么，用什么样的神态、语调、肢体语言。请把想象中你的具体反应记录下来。

接着，想象遇到困难的是你自己，同样可能跟事业、关系或健康相关，也许是工作上一直处于停滞状态，也

> 许跟同事发生了矛盾，不被家人理解，也可能是最近体检发现了健康问题……找一个具体的困难，想到这个困难时，你有怎样的想法和情绪产生，你会对自己说什么，你的神态、语调、肢体语言是什么。请记录你的具体反应。
>
> 请对比你对朋友和对自己的反应差别，你有什么发现？

我对朋友也很苛刻怎么办？

在分享自我关怀方法的工作坊中，每次都会有几位小伙伴跟我分享，觉得自己对待朋友也很苛刻。一次，一位在投行做高管的女士对我说："我就是一个很冷血的人，闺密周末来找我诉苦，我觉得她就是抱怨太多，行动太少，才导致没被晋升。"

我问她："你告诉她了吗？"

她说："我没有直接说，但我还是很委婉地表达了我的看法。"

"你为什么选择告诉她呢？"

"因为她是我的朋友呀，我不能看着她走弯路呀！"

"但你为什么委婉地表达呢？"

"因为我在意她的感受呀，她已经那么难过了。"

我轻轻停顿了一下，提醒她说："你刚刚说自己是一个冷血的人。"说到这里，她的眼圈突然红了，过了许久，她才说："是啊，我就是对自己有这样的评价啊。我觉得自己很冷血，很自私，讲话没什么耐心，也不顾及别人的感受……"

"你既能够对朋友保持真诚，给她客观的反馈，还能顾及她的情绪感受委婉地表达，你的朋友会怎样形容你呢？她会说你是一个冷血的人吗？"

她抬头看着天花板，努力不让眼泪流下来："我想，她会认为我是一个说话不太好听却值得信赖的人。"

即使我们有时会认为自己对朋友还不够温和友善，也无法做到不评价，但我们还是会考虑到对方的感受，选择TA能够接受的表达方式。而对于自己的评价，我们恰恰是不自知的。做这个练习的目的就是让我们学习如何像善待朋友那样善待自己，并且模仿自己安慰好朋友时的神态、动作、语言和语气。现在我一旦搞砸了，第一反应就会去想娜娜或者Joey会怎么说、怎么做。娜娜是那个无条件接纳我的人，Joey在大多数时间都是温和、放松而冷静的，目前他比我更能接纳我自己。有一次，我把咖啡杯弄翻在电脑键盘上，不得不停止工作，把电脑拿去修理。在忐忑不安等候的过程中，我既内疚又焦虑，懊悔自己不小心损坏了电脑，又担心无法工作延误了项目。然后，我想象Joey会怎么说，接着，我就模仿着他的神态、语调和风格对自己说："看来，你需要提前放假了！"话音还没落，我的肩膀就松下来，甚至觉得有点可笑。

探索自己的真实需求

在自我关怀训练中，找到真实需求是重要一步，因为只有知道自己的需求是什么，才有机会提供必要的支持。以下是两个能够帮助你识别和理解需求的方法：

1. 观察情绪：每种情绪都是对某个未满足需求的反应，试着深入挖掘情绪背后的需求。从观察某个情绪入手，探索情绪背后的需求。例如，如果你感到孤独，可能是因为你需要亲密和联系。

2. 探索动机：思考日常活动背后的动机，不断问自己"这件事为什么重要？"来探索自己的动机和目的，也能够发现自己的需求。

> **练习：需求探索** 🔊
>
> 请回顾一个最近遇到的挑战，例如你在工作中搞砸了，观察你是否对自己有一些评判或苛责，请写下来。
>
> 请你觉察一下自己的身体感受和情绪感受是什么。
>
> 在这些情绪和感受背后，是否隐藏着一些未被满足的需求。请把这些需求写出来。
>
> 依次探索这些需求，写出你需要的支持。
>
> 最后，请重新评估一下此刻身体和情绪感受，观察有没有变化。

澄清价值，找到力量感

价值，是个人或社会认为重要、有意义的信念、原则或标准。它是决定我们行为和决策的基础，并且反映了我们认为最重要的东西。它是我们的内心想与他人、与世界、与自己互动的最深渴望。它就像茫茫大海上明亮的灯塔,为我们引领方向。我们只要朝着价值的方向前行,就会越走越光明。

找到生命的价值对于我们活出生命的意义和日常幸福感至关重要:价值能够指导决策,清晰的价值观可以帮助我们在生活中做出符合自己内心的选择。当行动与核心价值观一致时,人们通常会感觉更有目标和动力。与个人价值观相符的职场和生活方式的选择会带来更高的完成度、满意度和幸福感。明确价值还能帮助我们建立和维护更深层次、更有意义的人际关系,找到志同道合的朋友、合作伙伴和伴侣。此外,当我们明白自己的核心价值观时,更能在面对困难和挑战时保持坚韧和积极。对价值的探索、澄清和实践有助于实现个人成长和自我认识。

以下是澄清价值的具体方法。

1. 心灵日记:观察一天中的哪些活动、人或经历让你感到满足和快乐,这些活动、人或经历代表哪些价值要素。把这些体验和发现记录下来,可以帮助你发现哪些价值观在你的生活中扮演了重要角色。

2. 角色模型:思考哪些人物(包括历史人物、小说或其他艺术作品中的虚构人物)是你的榜样,他们代表了哪些价值观。

3. 反思冲突:回想过去遇到的决策困难时刻,或者困扰你的社会现象,分析这些时刻和现象中的价值观冲突,更好地了解自己的价值观。

4. 深度访谈:与身边的朋友或家人进行深入对话,了解他们的核心价值观,带着好奇和不评判的态度,探索不同人的价值观的共性和差异。可以通过自我对话、书写或录音完成。

5. 情景模拟：设想几个不同的生活情景，如职业选择、建立友谊、亲密关系、养育孩子、社交活动、兴趣爱好等，并思考在这些情景中你的价值观如何指导你的选择。

6. 实践计划：挑选一个核心价值观，针对其制定具体的行动计划。例如，如果"健康"是一个核心价值，那么请围绕"健康"拆分出你关注的几个维度，例如饮食、睡眠、运动等，并以此为基础制定一套具体行动方案。

7. 调整更新：价值观不是静态的，它随着时间和经验而发展。定期回顾和调整你的价值观清单，确保它仍然反映你的当前信念。

8. 价值排序：选择出对你最重要的十个价值观，并尝试对它们进行排序，了解哪些是你的最高优先级。

在下面这个练习中，我们将一起梳理核心价值，厘清重要性和优先级。

练习：梳理价值

聚焦目前的生命阶段或者最近的挑战，列出自己珍视的一个价值，分别问自己以下问题：

1. 你为什么选择这个价值？
2. 如果能够实现这个价值，你的生活会有怎样的变化？
3. 在日常生活中，为实践这个价值，你都做出了哪些行动？

> 4. 如果能更加契合你珍视的价值，你还希望做出什么行动，或者改变？
>
> 5. 请针对问题 1-4 的回答，列出实践这个价值你能想到的所有行动，制定具体行动计划。

梳理价值时，很多小伙伴会发现自己珍视的价值很多，这是很正常的。只有在实践中发生价值碰撞和冲突时，我们才能领悟自己更珍视什么。同时，核心价值会随着个人经历的变化而发生改变，会因人生阶段面临的挑战不同而发生优先级的重新排列。我们要对自己诚实，也要拥抱变化。

建立并使用自我关怀的资源库

给自己支持，可以通过建立和发展自我关怀资源库。有些资源是我们本身具有却被忽视的，可以通过探索很快找到，也非常容易使用；还有一些资源需要我们花一些时间，做一些努力才能获得，但无论是怎样的资源，都需要通过持续的练习才能形成自然的反应模式，真正为我们所用，并持续支持我们。

自我关怀的姿态与动作

当我们准备温柔对待自己的时候，你想让自己的身体呈现什么样的状态？你可以想象一些描述的词语，例如光滑的、柔软的、舒适的、温暖的、放松的、发光的、自如的……想想自己能否通过一些动作和姿势的改变让自己的身体获得你想要的状态？你可以通过舒展和摇摆身体做一些尝试。对于我来说，很管用的方法是把肩膀打开，并让腰部伸展。当我感到自己需要这样做时，我会放下手机，双脚打开与肩膀同宽，让身体核心尽量保持稳定，双手在身体背后十指交叉，肩膀按向前、向上、向后、向下的顺序转一个大圈，同时抬头挺胸，感受胸腔变得越来越宽广。感到前胸后背伸展后，我的脖子也不由自主地活动起来。这个动作在任何场合都可以做，在升降电梯里、等地铁，或跟朋友闲聊时，我都会做；后来我发现并不是我的大脑要求身体去做，而是身体自己会不由自主地动起来。此外，久坐后我也会做一些拉伸、扭转和侧弯，这些不用离开办公桌就可以做的简单动作会让僵硬的腰部得到伸展，变得柔软而放松。当身体知道你重视它们的感受时，就会很欣慰，还会加倍回馈你的用心，让你保持平衡稳定，心情愉悦。

在"身体地图"上寻宝

自我关怀的起效机制之一是启动安抚满足系统。我们已经知道，像妈妈一样带着爱意轻柔抚触宝宝的身体，就可以启动这一系统。我们可以学习模仿这一动作，并找到自己身上的按钮。这是一个很有趣的实验，带着一点冒险精神，因为我们都太不熟悉自己的身体了，想想上一次你温柔抚摸 TA 是多久以前的事情了，但是还是请你鼓起勇气，带着好奇心，找到一个安全的空间，尝试迈出这一步：

在抚摸练习开始前,请对自己的身体说:你是一座珍贵的殿堂,承载着我的身体和心灵,我将温和友善地轻触你,就像抚摸一件珍宝一样,请给予我允许与鼓励。

接下来,请你轻轻搓热手掌心,先用一只手,手掌朝下,轻触这些身体部位,在每个部位多停留一会儿,可以轻柔画圈按摩,也可以让手掌反复抚摸。参考下面的"身体地图",每个部位停留三秒至五秒:

另一只手的手背→小臂→胳膊肘→大臂→肩膀→后背→脖子→胸口→胃部→小腹。

你可以用另外一只手按照"身体地图"的指引,在对侧身体上探索。

请用两只手,在胸前交叉,分别抱住两边的大臂、肩膀,并在这里给自己一个拥抱,还可以在拥抱自己的同时轻揉后背。

接下来,两只手上下交叠,手心朝下放在胸口处,在这里感受几次深呼吸以及手心的温度,感受一下心灵区域有怎样的情绪在流动。

双手向下移动,放在腹部。

一只手留在腹部,另一只手放在胸口。

一只手留在胸口,另一只手托住腮(手肘放在桌子上作支撑)。

两只手托住腮(手肘放在桌子上作支撑)。

在这些对不同身体部位的抚触里,有哪些部位或抚触方式让你感受温柔、安全、自然且稳定?如果第一次做没有感觉,你可以在不同的时间和空间多尝试几次。如果感觉不自在,你可以开启音乐,让自己放松下来。倘若你觉得好像有点用,那就在需要的

幸福清单 ◇

NAME _____   DATE _____

唾手可得
for the asking

马上能做
can be done away

未来可期
the future is promising

- [ ] _____
- [ ] _____
- [ ] _____
- [ ] _____
- [ ] _____
- [ ] _____
- [ ] _____
- [ ] _____
- [ ] _____
- [ ] _____
- [ ] _____
- [ ] _____
- [ ] _____
- [ ] _____
- [ ] _____
- [ ] _____

时候使用起来，慢慢形成一种习惯。我的舞动导师马丽莎·迈克尔（Melissa Michaels）提到，自己在重要会议上总是右手托腮，左手放在右臂胳膊肘内侧，其实是通过身体接触给自己需要的抚慰。还有Linda，某公司高管，分享自己在演讲时总是穿裤装，因为要用揣兜的两只手，轻轻抱住小腹，有时候还要在小腹处贴一贴暖宝宝。这些动作和温暖都能给到她们需要的安抚。

寻找能够安抚自己的感观体验

触觉：温柔的触感尤其能让我们有安全感。在著名的恒河猴实验的准备过程中，研究员把刚出生不久的猴子幼崽关在笼子里，发现缺少陪伴的小猴子虽然没有生什么病，但行为出现了一些异常，它非常依恋地上的一块绒布，总是贴在上面，还喜欢抓来抓去，如果把绒布拿走，它就会焦虑愤怒、坐立不安。这个实验证明了哺乳动物天生把温暖柔软的触感跟爱与安抚的感受联系在一起。人类进化到今天也依然如此：又有哪个宝宝抗拒绒毛玩具呢？哪怕是长大了，大多数人依然喜欢跟小猫小狗粘在一起，看着它们的样子就十分放松，轻抚它们松软柔滑的毛就更加治愈了。我们还可以发掘其他温柔触感小物件，例如我很喜欢光滑肌肤的触感。我小时候抱着妈妈入睡就总爱撸她的胳膊，后来就变成了Joey。当然我也很喜欢亲亲抱抱小焦糖，摸摸她胖嘟嘟的脸蛋儿、小手和脚丫。当然，还有绒毛玩具和绒毛外套、珊瑚绒的毯子、喀什米尔围巾、温热的茶碗、一种带着微小绒毛的叶片表面、在脸上跳跃的毛毛雨和轻柔的洗脸按摩仪、用嘴唇感知表层的卡布奇诺……这个清单可以越来越长，那些唾手可得的物件更有意义，当你需要时，它们就会飞快地投入你的怀抱。

听觉：接下来，我们再探索一下自我关怀的声音是什么样的。首先，检索一下我们自己的声音。如果你已经找到了安抚动作，例如双手交叠，放在胸前，那么就配合这个动作深深吸气，呼气时张开嘴发出让你释放压力的声音，可能是第四声的"啊——"，也可以是叹气声"唉——"，还可以是鼻子发出的"嗯——"。请注意发声时自己的面部表情，这个安抚的声音一定能够带来让你更加放松的表情，所以放松额头，舒展眉头，可以想象呼吸时露出一个微笑。在美国读法学院时，我每周会去一家叫作"Free to the People"（人民免费）的公益瑜伽馆，暴露的红砖围起的硕大空间里挤满了人，一张张瑜伽垫彼此挨着，邻居一旦挥汗，我脊背上方如同下雨。就是在这样一个密闭的空间里，大家一起做拜日式回到下犬式，当老师说"呼出你所有的焦虑"时，所有人用不同的音色、音调和音量呼出长长的一声"啊——"。那个声音时常回响在耳畔，我也会张开嘴，模仿着那个惬意满足的长叹，呼出我所有的负向情绪。

你还可以从大自然中去发掘线索：有没有一些你听到过的治愈声音，例如某种鸟儿的啼叫，水流潺潺，小宝宝咯咯的笑声，风吹风铃响，煮茶时咕嘟咕嘟的水声。你也可以编辑一个自我关怀歌单，把那些多巴胺（一种让人快乐的荷尔蒙）或者阿尔法（一种处于平静状态的脑波）音乐都装进去，以备不时之需。

嗅觉：我们还可以启动嗅觉资源，想想那些唤起不同心境的气味：柑橘让我们瞬间愉悦清醒，玫瑰让我们感到温柔恬静，雨后泥土的清香让我们心情焕然一新，妈妈做的红烧肉又让我们倍感亲切。给自己关怀，有的时候不过是去花店挑一束花，或者在路边闻闻青草香。我常常把自己最喜欢的精油放在一只带拉链的小包里并带在身上。辣椒薄荷味的精油能扫除午后的昏沉，檀香精油能让我在冥想时保持专注，橡柚精油能使我稳定又开怀，而穗甘松能让我无所畏惧。药食同源，其实，香味也是药。把一些令你开心的气味带在身上，或者情绪升起时，去寻找一些能够安抚你的气味试试看。

> 我端起茶放到嘴边，发现茶里还有刚刚掉落其中的玛德琳蛋糕屑。当满嘴的茶水浸润着蛋糕屑碰触我味蕾的那一瞬间，我无法自抑地浑身颤抖起来——回忆开始在脑海里涌现：那蛋糕混杂着茶水的味道，是我小时候在贡布雷的某个星期天早晨所吃过的"小玛德琳"的滋味……菜奥尼姨妈把一块蛋糕在一杯茶水中浸过之后塞到了我的嘴里……

这是普鲁斯特《追忆逝水年华》中的经典段落，对于嗅觉引起回忆的描述甚至有了一个专用术语"普鲁斯特效应"。嗅觉信息会直接进入嗅球，跟海马体和杏仁核直接相连，前者负责长期记忆，后者监测化学物质，连接记忆与情绪。这就是为什么嗅觉可以引发一段记忆犹新的往事，还可以唤醒经历那段往事的丰富情绪。于是，愉悦的气味不但能够点亮我们的心情，还可以成为积极情绪储备，存放于大脑的幸福收藏馆里。

味觉：说到嗅觉，就无法不提味觉，很多人寻求安慰都会寻找美食。作为一个曾经确诊的进食障碍症患者，我更推荐不要克制饮食。欲望并不可耻，他们是人类的本能，需要被尊重和看见。任何克制都带有几分内在暴力，过度克制就会"后院起火"。

现在的我，当然无法抗拒美食的诱惑，为什么要对抗人性呢？但我会尽量吃得健康美味，保证食物新鲜、美味、营养均衡、种类丰富，以植物和粗粮为主，选用放心的食材，同时关注"无抗生素、散养、谷饲、无添加、非膨化、低钠、人道主义"等食品标签。也请你列一张美食疗愈清单，放在自我关怀资源库里。

视觉：我们已经从触觉、听觉、嗅觉、味觉丰富了自我关怀资源库，五项感官的最后一站是视觉——悦目就会赏心。当你被眼前的一些色彩、形状、画面和场景吸引时，请停一停，看看是什么触动了你，就像闻香一样，将撩动你的景色尽收眼底。尤其是去看展览时，当你在一幅画或一座雕塑面前突然破防，思考这些美好的事物想要对你说什么。在大自然的怀抱里，无论是日出还是晚霞，大海还是树林，当你陶醉到几乎要忘我时，问问自己究竟发生了什么。慢慢地，你会越来越了解怎样的视觉景象会唤醒你的心灵特质，你喜欢什么颜色组合，哪些形象和符号能够带来宁静和力量。你是否可以在家中设置这样一个令你安心的港湾，添加那些给你赋能的视觉物件。

营造安心港湾

我和 Joey 把家里的储物室变成了禅房。不大的房间有一面巨大的镜子,可以反射落地窗外的银杏树。看着白纱窗帘掩映下碧色的叶子渐渐转黄,我们在晨间轻抚墨兰色的茶碗,任凭氤氲的茶气与窗外袅袅雾气缭绕在一起,心灵在那一刻便回了家。

请你也设置一个这样的角落,它不必大,也许仅仅是书桌的一角,有你喜欢的物件、植物、照片。曾经有个小妹妹给我看了她的安心港湾:那是电脑的屏幕保护图片,全是她魂牵梦绕的图景。妹妹告诉我,有次她被老板说了几句,心里很委屈,趴在桌子上哭起来,等她哭累了,抬起头,突然看见电脑屏幕上的一朵红莲,莲心坐着一个小和尚。她当时就抑制不住,眼泪汨汨流下。"我看见那个小和尚竟然在冲我微笑,原来他一直在守护着我,那是长久以来最爽的一次释放。"她说,"后来,我开始收集感动我的图片,并把它们设置成屏幕保护,每当心累了,就开启屏保,循环播放。"

探访艺术与大自然的礼物

有些动态视觉非常治愈,例如云卷云舒、花开花落,又如旭日东升、大海泛波,还有人类精湛的肢体艺术,例如舞动。有次我跟 Joey 去看爱尔兰的国宝级踢踏舞演出《大河之舞》,当所有演员整齐划一飞一般地舞动时,整个现场被踢踏舞的节奏渲染沸腾起来,我的心被充满。那是对舞者由衷地欣赏和赞叹,为人类绝伦的艺术传承感动，并为自己作为人类成员有幸见证这一盛况而荣耀，那一刻，我意识到这就是共通人性，我泪流满面。《大河之舞》讲述的是爱尔兰移民长途跋涉来到北美新大陆建设自己家园的故事，里面有文化的碰撞与融合，也有思乡情更切的柔情，还有创造未来的振奋人心，它唤醒了我曾经在陌生国度生活的经历和感悟。我依然会出国、出差，也会思念家乡的亲人。家人容易见，但是家乡却很难再回去，故人也许再也见不到了。每每思乡，我都会找到《大河之舞》的片段，让自己沉浸在舞者轻盈的旋转和曼妙的脚步间，透过他们，我可以触碰自己的生命之源。

想象力

如果手边没有歌舞的片段，在脑海中自动播放想象的画面，也能给我需要的支持。想象力是自我关怀的重要资源。我们可以通过想象力去任何地方。你可以选择一段轻松的音乐，在一个安全的空间，闭上眼睛，想象一个可以给你带来抚慰的地方，它可以是你去过的喜欢的地方。我常常回到记忆中的南极，一个叫作天堂岛的地方，幽静的海面上漂浮着水晶般的碎冰，陆地上的白雪如同蛋糕裙上层层褶皱，这就是一个持续的广阔的悠长的冥想。你还可以想象一个从来没有去过的地方，例如阳光明媚、海龟漫步的海岛，悠然见南山的桃花源，萤火虫起舞的紫色峡谷。只要是能带给你安全抚慰的地方，都可以去想象，接着跟音乐一起在这个地方停留一会儿，直到你心满意足。你的脑海里有个随身携带的避难所，你只要闭上眼睛，几秒钟就能抵达。

关怀关系网

自我关怀资源库里还可以有一张"关怀关系网"。把难过时可以联系的人都写下来，不同的人提供的价值不一样，有人可以帮你做缜密的分析、规划，但也有人不用说一句话，就可以给你及时到位的安抚，甚至都不限于成人或者人类，例如我的比格犬焦圈儿，还有胖乎乎、萌哒哒的刚会说"妈妈你好好看呀"的小焦糖。从最亲密的人开始，我绘制了一张网，上面的人跟我发生过千丝万缕的联系，包括那些曾经很亲密，却已经许久没有联系的人。只要想到这些，我的心已经暖暖的了。看着错综复杂的网格，每条线代表着生命中的一条旅途，从儿时开始，读书的挚友，兴趣班的玩伴，每所学府的同学、室友，每个岗位朝夕相处的同伴，还有我最热衷的健康、可持续、环保、公益、女孩赋能、女性力量等事业里携手同行的战友……每一个名字都沉甸甸的，带着很多美好的回忆和祝福，仅仅是写写画画的过程，就已经足够滋养自己。在真正需要时，不管是一次见面，一个电话，还是几条信息的传递，都能用爱装满我的心。

> **练习：建立自我关怀资源库**
>
> 分别通过下列关键词，扩充你的自我关怀资源库，在每一项之后写下你可以准备的物件或者具体做的事情。
>
> 让你觉得自己被温柔以待的呼吸节奏和方式：
>
> 让自己舒服的身体姿态、动作：

在"身体地图"上定位带给你抚慰的身体部位：

自我关怀的声音：

给你带来安抚的触觉小物件：

让你平静或愉快的听觉资源：

满足你不同需求的嗅觉小物件：

抚慰你味觉的小食，并计划它们的使用场景：

赏心悦目的视觉体验物件：

寻找艺术与自然的综合感官体验：

能够滋养启发治愈你的环境或微环境：

在脑海中构建随身携带的安全港：

编织关怀关系网：

带给自己安抚的话语：

建立自我关怀资源库的过程，如同把你脑海中的线索搜寻整理了一遍，接着通过三张清单的建立，你将开始部署行动计划。你可以用纸笔书写，也可以用电脑和键盘，如果音乐能够给你带来灵感，就请开启激发创作流的音乐。请留出二十分钟可自由支配的时间，在一个不被打扰的空间，准备好工具，开始这个练习。

练习：三张幸福清单

请找到舒适的坐姿，缓缓吸气，呼气，慢慢放松。

打开书写工具，写下：幸福清单。

下一行写下自己的姓名以及当天的日期。

接下来我们开始自由书写，凡是划过脑海的事物，都请记录下来。

写下最近一段时间曾给你带来安全感的事物，可以是一件物品，一种味道，一个活动，一个状态，一件事情，一个人，等等。搜索你的记忆，写下你能记起的所有能给你带来安全、平静、幸福和满足的事物。如果你经历过至暗时刻，也请写下那些给你带来勇气、力量、光明和信心的事物。

不管是一个，还是一百个，请你一个一个写下来。

接下来请重新审视你的清单，从中挑选那些可以轻而易举为你所用的事物，也就是说，当焦虑来临时，那些马上给你带来轻松和慰藉的事物，它可以简单到是一首歌，一种香氛，一张照片或一句座右铭。请你把这些事物选择出来，并放在"唾手可得"列表，放在身边，以后压力来临时立即为你所用。

还有一些可能没有办法马上实现，但稍后就可以做到的事情，例如一杯热气腾腾的花茶，街心花园的散步，

> 跟闺密聊天。请把这些事情放在"马上能做"列表，并且说到做到。
>
> 最后是近期无法实现但能够带给你持续希望、温暖与力量的事物，例如间隔年的安排，回家看望父母的计划，去某座城市旅游。请把它们放在"未来可期"列表，并附上实现时间。

如果三个列表已经完成，那么祝贺你，你有了自己的压力处方。

基于进化需要，我们大脑中的杏仁体有一种特质，即注重不好的体验，哪怕这种体验未曾发生，仅仅代表一种可能性。因此，我们对外界刺激极其敏感，甚至归结成不好的体验或预设，导致消极情绪。

我们把主导这种活动和功能的杏仁体简称为压力型杏仁体。好消息是：除了压力型杏仁体，还有动力型杏仁体，可以让我们获得快乐。动力型杏仁体是可以通过刻意练习塑造的，例如多制造幸福瞬间，并让快乐激素多巴胺分泌得更持久一些，持续浸润和滋养杏仁体。换句话说，就是要多尝试幸福清单上的事项，改变杏仁体的运作模式，重塑脑回路。

我们采用里克·汉森（Rick Hanson）博士开创的方法 HEAL，来雕塑大脑的积极回忆，作为自我关怀的资源。HEAL 这个单词中的 H 是 Have（拥有）的首字母，E 是 Enrich（使丰富）的首字母，A 是 Absorb（吸收）的首字母，L 是 Link（连接）的首字母。

练习：大脑的治愈收藏馆（HEAL）

第一步是 Have（拥有）。我们需要找到一个美好的体验，并宣告此刻你正拥有它。例如你的美好体验是一杯热拿铁，那么当你面对热拿铁时，请做几次深呼吸，并告诉你的大脑，此刻，我正在享受这个美好的体验。

轻轻地吸气、呼气，让自己慢慢安静下来，跟这杯拿铁在一起，仿佛这个世界上别无他物，只有你们两个存在。

第二步是 Enrich（使丰富）。我们一起去丰富这个体验，依次用不同的感官来享受它。闭上眼睛，当我们关闭视觉后，其他感官会更加敏感。请启动你的嗅觉，这个美好的体验带给你的嗅觉感受如何？它给你带来什么与众不同的味道了吗？然后依次启动你的听觉、味觉、触觉……

第三步是 Absorb（吸收）。再次回忆和加强不同感官带来的体验，并同时启动所有感官让这个美好的体验完全进入我们的身体，并与我们融于一体。把自己作为一个整体去观察，轻轻吸气，此刻的你平静而快乐；轻轻呼气，此刻的你放松而满足。逐渐扩展注意力范围到周边的环境，再次吸气，记住你的身体感受，呼气，记住此刻的情绪感受。

> 第四步是 Link（连接）。我们来创造连接。这种积极幸福的体验已经成为了你身体里的一部分了，以后如果有消极的事情发生，你可以随时启动这部分身体记忆。例如想到那个温暖的午后，你抚摸着一只温顺的猫咪，太阳照着桌上喝了一口的热拿铁，音箱里传来歌曲，心中涌起的感受是喜悦与平静。

你的大脑是一个幸福收藏馆，可以持续捕捉和创建新的幸福脑回路。当你感到无力时，你可以随时启动某个曾经历过的幸福时刻，让它再次温暖你。

慈心冥想

慈心冥想（Metta Bhavana）源自于早期佛教的经典。Metta 在巴利语中意为"慈爱"或"慈悯"，是一种心灵的品质，指向无条件的、无止境的、对所有生命的爱。慈心冥想是培养慈悯品质的一种实践。

慈心冥想被人们用于培养内心的平和、同理心和对所有生命的无条件的爱。国际上对于正念的分类有三个，前两个分别是我们在"正念觉察"部分了解的专注式冥想（FAM）和开放监控式冥想（OMM），第三种就是慈心冥想（LKM），这种冥想主要训练的就是慈悯与自我慈悯的能力。

在慈心冥想中，练习者会通过默念特定的愿望或祝福，如愿所有生命快乐、安康、平安和从苦难中解脱等，来培养对自己、亲近的人、陌生人，甚至敌人的无条件的爱和善意。通过这样的练习，可以增强个人的同理心，减少负面情绪，提升心理健康。

经典的慈心冥想会先把祝福送给自己，然后扩展到更多的人，但是在现实生活中，把爱和慈悯给自己实在很难做到，于是自我关怀练习就改动了经典框架，先从自己深爱的人开始。对他人表达慈悯可以激发我们对自己的慈悯，而对自己友善，也更容易善待他人。当我们对他人表达慈悯时，我们不仅在外部执行一个行为，还在内部通过镜像神经元体验这一行为所涉及的情感。这种内在体验可以增强我们的情感共鸣能力，包括对自己的情感共鸣。换句话说，当我们以慈悯对待他人时，这种情感也会反过来影响我们对自己的态度。同样，当我们对自己表达慈悯和友善时，这种情感模式也会通过镜像神经元的作用，扩展到我们如何看待和对待他人。自我关怀可以帮助我们降低自我苛责和评判，从而减少我们可能将这种苛责和评判投射到他人身上的倾向。

此外，慈悯和自我关怀的实践还涉及大脑的其他区域，如前额叶皮层（涉及决策和社会行为）和大脑的情感调节区域。通过激活这些区域，慈悯实践不仅增强了我们对他人的理解和同情，也增强了我们自我调节和自我理解的能力。

练习：经典的慈心冥想 🔊

请找一个安静的地方舒适地坐下，轻轻闭上眼睛，深深地吸一口气，缓缓地呼出，让身心逐渐安定下来。

首先，想象一位你很喜欢的人，例如家中一位和蔼可亲的长者，或是你亲密的朋友。当你的脑海中出现这个人的样子时，请做几个深呼吸，想象TA正站在阳光里，脸上漾起了微笑。看着TA沉浸喜悦的样子，你也浮现出微笑，请在心中默念："愿你快乐，愿你平静，愿你健康，愿你生活轻松。"

然后，想象自己跟这个你喜欢的人站在一起，阳光洒在你们俩身上，你们彼此注视，相互微笑。此刻，阳光下的你充满快乐和满足，请温和地看着自己，并在心中默念祝福："愿你快乐，愿你平静，愿你健康，愿你生活轻松。"

接着，想象你生活中不太熟悉的人，例如咖啡厅经常见到的咖啡师，或者住在小区里的邻居，又或是那个你从来没有交流过的同事，想象TA与你相逢在阳光下，你看着TA发梢上闪动的光斑，轻轻在心里说："愿你快乐，愿你平静，愿你健康，愿你生活轻松。"

下面，请想象一个你不太喜欢的人，例如曾让你感到不快的合作伙伴，或总是唠叨你的远房表亲，想象和TA偶遇的那天，阳光明媚，风轻云淡，请尝试也为TA

送去祝福:"愿你快乐,愿你平静,愿你健康,愿你生活轻松。"

最后,将你的祝福扩展到整个世界。想象这份爱和慈悯像光芒,照亮每一个角落,请在心中为每一个生命祈福:"愿你快乐,愿你平静,愿你健康,愿你生活轻松。"

在冥想的最后,静静感受你内在的平静与喜悦,你心中的爱在慢慢扩散,会填满你所在的整个空间。当你准备好,就请睁开眼睛,带着这份爱与慈悯,回到日常生活中。

给自己写祝福语

在做慈心冥想时,总有小伙伴提到不喜欢祈祷文式的口吻,也不觉得这些祝福适用于自己的情况。这时,我们可以创造给自己的祝福,在练习时直接诵出。我们的现实是不断发生改变的,所需要的支持也在变化,所以每隔一段时间,我们都可以重新审视自己的需求、价值、目标和意图,撰写新的祝福语。

最近一段时间,我为自己书写的祝福是:

请让我拥有实现梦想的勇气

知道该怎么做的智慧

> 让我清醒和笃定的宁静
>
> 以及随心所欲不逾矩的自由

接下来，你将创作属于自己的祝福语，请注意书写需要满足以下要求：

1. 简洁：朗朗上口，便于记忆和诵读。
2. 真诚：发自内心的祝福最有活力。
3. 善意：善意的语言会让我们内心踏实而笃定。
4. 表达祝福：祝福是一种希望，而不是目标，后者可能会唤醒一些"我还不够"的想法，给我们带来情绪压力。
5. 不要过于具体：具体会让我们过于陷入细节，比如"祝我糖尿病明天就好"，"祝我成功减肥二十斤"，但可以说"愿我拥有健康的身体"。

练习：写给自己的祝福语 🔊

请准备好纸和笔，找到一个舒适的坐姿，可以把手放在胸口，把爱和慈悯带给自己。关注你的心灵区域，想象那里有一捧鲜花，这些鲜花一朵朵绽放，在阳光下展开花苞，花瓣一片片舒展开来，想象你的心也一点点打开：

此刻问自己：

你都有怎样的需求？你是否希望被看见，被爱，被认可？或者拥有勇气、智慧或成功？你需要什么外在肯定或物质需求？

想象这些都已经被满足，请再次问自己：

你还有什么内在需求？

想象如果每天这样的需求能够被满足，每当夜幕降临时，你便可心满意足地入睡。那么这些需求是什么？

允许答案浮现，也许是一个或是多个需求。如果你看到了答案，就把他们写下来。

当你感到心灵被一点点打开，就可以在心里默默诵读写给自己的祝福。

在练习结束之前，请感谢自己对内在需求的关注与聆听。

接下来的练习让我们随时随地跟慈悯连接，TA的源头就在你的心灵深处。

练习：连接你的慈悯之源 🔊

请找到一个无人打扰的空间，选择一个放松、舒适的姿势，想象你正躺在一片柔软干爽的草坪上，和煦的阳光照耀着你。太阳越升越高，越来越暖。此刻，她正照耀着你的头顶，把大自然所有的爱注入你的头部，你的头部感到非常温暖、放松。

明亮的太阳从你的头顶来到咽喉，把大自然的爱注入你的颈部，你的颈部格外温暖、放松。安详的太阳从你的咽喉来到你的骨盆，把大自然的爱注入你的躯干，你的躯干变得非常温暖、放松。充满生机的太阳从你的骨盆来到你的双手和手脚，顺着你的指尖，把大自然的爱注入你的四肢，你的四肢感到温暖、放松。现在，你的全身充满能量。几股暖流在你的头顶、咽喉、骨盆和四肢涌动，并朝心脏的方向汇聚，你的全身都被爱包围和注满，你感到非常安全和平静。

你的心中升起了一个小太阳，像是一个毛茸茸的小火球，发着橙色的光芒。请把双手放在你的心房，感受这个小太阳的光热和能量。感受她透过你的手掌，把更多的爱传递给你的小臂、大臂、肩膀、前胸、后背，随着每一次脉搏，每一次呼吸，这股饱满的能量，在你的体内孕育生长。你心之所在的地方就是慈悯之源，她生生不息，你需要的爱与温暖，在这里都可以找到。

轻轻吸气，缓缓呼气。请对自己说：我知道生活有时候真的很苦，但这就是生命，每个人都会经历这样的苦难，我可以对自己好一点。黑暗会来也会走，但我的内在光源可以持续发光。轻松吸气，温柔呼气。逐渐将意识带回到呼吸本身，等你准备好时就可以缓缓睁开眼睛。

Week5　自我欣赏

自我欣赏是自我关怀的一个关键步骤，然而事实上大多数人并不擅长于此。在这节课里，我们将探讨为什么人类更喜欢自我批评，并通过练习来扭转自我批评的习性模式。羞耻感是自我欣赏的另一个障碍，我们会详细讨论羞耻感的成因和其造成的负向影响，也将通过冥想练习带领大家为羞耻感带来的限制性信念松绑。最后，我们将探索赞美的力量，从赞美别人到赞美自己，看到闪闪发光的自己，带着信心争取更大的突破。

扭转自我评判

为什么人类擅长自我评判？

在练习自我欣赏之前，我们先看看大多数人更加擅长且习惯的自我评判。人类热衷于自我评判有以下几个原因：

首先，我们真的认为自我评判和苛责会让我们变得更好，我们把它当成了一个激励机制，认为对自己严苛就会进步，但事实上，我们越来越没有信心，越来越畏惧尝试。

我们之前提到过，遇到挫折时，自我评判会刺激大脑产生负面情绪；相反，同样是遇到挫折，如果给自己友善和关怀，刺激的是大脑里负责学习和成长的区域。

其次，我们担心别人会批评自己，于是提前做自我批评，甚至用更加严苛的语言责备自己。

把自我批评当成"保护伞"，看起来无伤大雅，但长期如此，却会成为习性反应，而我们反复说的话会不断成为自己的事实。这种现象通常与心理学中的"自我实现预言"有关。当一个人坚信某件事会发生时，他们的行为和态度可能会无意识地导致这个预言实现。如果一个人不断说自己不擅长某项技能，他们可能就不会投入足够的努力去提高这项技能，最终变得不擅长。此外，这也和大脑如何处理信息有关。当我们重复某个观点时，大脑开始将其作为事实接受，并在未来的思考和决策中使用这一信息。这种现象显示了思维方式对行为和信念的强大影响力。

此外，我们想要找到虚幻的控制感，让自己相信自己还有希望，典型句式是：都怪我，如果我做了A，就能B。"都怪我太不细致，如果我多检查一遍那道题，就能考上清华了。"

当人们感到无力或无法控制自己的生活时，就会通过自我批评来寻找控制感。自我批评让人感到至少有一些事情是可以控制的，即使这种控制是负面的。这种行为是一种心理防御机制，帮助我们面对让自己感到无法控制的局面。但我们内在的智慧却并不相信这个把戏，每次这样表达时都会削减我们的力量，会导致自尊心下降和消极情绪的加剧。

自我评判的底层感受是羞耻，羞耻会慢慢消磨我们的自信和动力。我们是如何开始自我苛责和评判的呢？大概率因为我们有完美主义或自我苛责的父母。因为完美主义，父母会在我们幼年时期苛责我们，以求我们变得更好，而幼年时期的我们并没有辨别能力，我们会认为他们是对的，于是开始内化这种苛责：就是因为我不够努力，不够细心，不够自律，所以我才不配有好成绩，不配有好工作，不配有好伴侣，不配有好前途。养育者是孩子人生的第一位老师，也是一生中举足轻重的老师，如果养育者常常自我评判，孩子们从这种言传身教中也学会了这种模式。

自我苛责的本质是寻求一种安全感，希望被爱、保护和激励，我们可以通过练习，通过"自我关怀资源库"和"慈悯之源"找到安全感、爱、保护和激励。

对于我的女儿，我决心无条件地爱她，并让她感受到她是被无条件支持和爱的，哪怕她并不完美，哪怕我也会纠正她的错误，但这丝毫不影响我对她的爱。我会掌握孩子在每个阶段的发育特点，会去反思对她的"纠正"到底是为了她的成长还是我的自尊、安全感或便利，也会在批评她后对她说："妈妈不同意你爬桌子，我们还因此发生了争执，你好久都不理妈妈，妈妈也还在生你的气。但是，我想让你知道，这不妨碍妈妈爱你，妈妈会一直爱你。"她会点点头说："妈妈，我也很爱你。"后来，我干脆在批评她时先说："焦糖，妈妈很爱你。同时，妈妈需要告诉你，我不同意你一直看动画片。"

有一天我们全家去野外露营，爸爸开车行驶在高速公路上，焦糖的玩具掉在地上，她哭闹着硬是让奶奶给她捡，奶奶不得不解开安全带俯身下去……在威胁安全的情况下，爸爸说话是很凶的。很少挨骂的焦糖突然就安静了，过了一会儿，爸爸问焦糖："你生爸爸气了吗？"焦糖很爽快地回答："没有。"爸爸问："为什么呢？"焦糖淡定地说："因为你很爱我呀！"

今天很多父母都会这样对待自己的孩子，让孩子拥有安全感，自信且稳定。但我们能不能也按照这种方法，把自己重新养育一遍？

在我们做错、搞砸时，看到自己的缺陷时，发现自己让别人失望时，依然温柔坚定地告诉自己："无论发生什么，我都会在这里陪着你。"

下一个练习的原理来自家庭系统专家理查德·施沃茨（Richard C. Schwartz）博士的《部分心理学》。他认为身体的所有部分都有存在的意义，无论是评判还是关怀，都有其合理的目标和运行方式。我们无需刻意压抑评判，但可以培养关怀，并让后者取代评判成为我们可以依靠的资源。

练习：转化自我评判 🔊

请找到一个你常常苛责自己的行为：你对自己说了什么苛责的话？用什么语调？

尝试与被指责的那一部分身体联结，被这样指责，这部分身体有怎样的感受？给你的情绪带来了什么影响？

如果年复一年，你一直在听这样的苛责，身体的哪一部分感受到了疼痛？请用善意的语言跟这部分自己对话，并给TA安慰。

请带着一些好奇去看自我苛责有什么用？TA在尝试用什么方法帮助你？如果你发现TA有一些益处，请对TA说声谢谢。如果你并没有找到自我苛责的益处，或许这个声音是被你内化了的别人的声音。

下面，请跟身体里那个富有善意的部分联结。我们的内在有各种面向，智慧的，成熟的，接纳的，体贴的。这一部分的自己也希望我们更好，他们用一种很不一样的方式驱动我们："我们非常爱你，同时并不想让你受苦，如果有办法让你少受些苦，我们希望你可以尝试一些改变。"现在，请跟你内在慈悯的部分连接，TA更加智慧、成熟、接纳、温和，对于你想要去改变的行为，TA会怎么说？

请记下善意与慈悯说的话。下次当你觉察到自我苛责与评判在发表意见时，请停顿一下，邀请善意和慈悯来与你对话。

克服羞耻感

羞耻不是内疚

都说自我苛责源于羞耻感,究竟什么是羞耻呢?有人说,羞耻跟内疚很像。它们都是一种羞愧的情绪,但是引起羞愧的原因不一样:内疚是因为你做错的事,羞耻是因为你这个人。正如羞耻感著名研究学者布雷内·布朗(Brene Brown)教授关于内疚和羞耻的名言。

内疚说:我犯了错误——I MADE a mistake。

羞耻说:我是个错误——I AM a mistake。

羞耻感有几个特征:

第一,隐蔽性。不同于兴奋或愤怒等显性情绪,羞耻感是不易被察觉和理解的隐性情绪。这种情绪与自我价值感和尊严紧密相关,我们会通过避免谈论引起羞耻的话题、改变话题,或者用其他情绪(如愤怒或悲伤)来掩盖羞耻感。甚至连我们自己都难以识别羞耻情绪,而且它跟其他不舒服的情绪缠绕在一起,更难以跟别人表达或分享。这种隐藏或避免表达可能导致更深层次的情绪隔离和孤立。

第二,持续性。羞耻感往往不是一种短暂的情绪反应,而是可以持续较长时间的。这种情绪可能深深根植于内心,与个人的身份、过去的经历和核心信念密切相关。因此,即使触发羞耻的事件已经过去，羞耻感仍可能长时间影响一个人的情绪和行为。

第三，指向内。羞耻感涉及对自我价值和自我尊严的深刻质疑，指向的对象是自己，攻击的也是自己。感到羞耻时，我们会认为自己不够好，有缺陷或不完美，甚至给身边的人或社会群体带来负担，因此会产生抱歉和痛苦。

羞耻感是人类最常见的情绪之一，上述特质也暴露了它的危险性：羞耻总是隐藏的，我们要么自己无所察觉，要么几乎从来不向人提起，它长期持续地消耗着我们，并向内攻击，让我们觉得错的总是自己。《被嫌弃的松子的一生》这部电影始终贯穿着这种情绪：生而为人，我很抱歉。我见过两张触目惊心的海报，分别是两位年逾古稀的老人，一男一女，他们面部表情悲伤而凝重，老爷爷的下半身和老奶奶的胸部分别有一双从背后伸出的手，海报标题是：It Never Goes Away（永不消逝）。儿时被侵犯的创伤会维持一辈子。羞耻感很可能让老人无法与人诉说自己的遭遇，而使其在自己的身心蔓延，不断向内攻击。

羞耻感的源头成因和负向影响

其实羞耻感的源头是跟爱相关的。它来自于我们想要被接纳和被爱的深层渴望。在寻找爱和恳求爱的过程中，如果没有获得爱或者遭到拒绝，就会感到羞耻，甚至慢慢觉得自己是不值得被爱的。

每个人都有对爱的渴望与需求，因此羞耻感是非常普遍的情绪，引起羞耻的直接原因和表现形式也很多元，例如：

1. 在原生家庭里没有感到被无条件爱着。

2. 在文化和社会行为方面，例如因自己对生活的选择被列为"少数派"而被主流价值观排斥在外，从而感到自己未被社会或团体接纳。

3. 由于成长环境、生活经历的动荡造成的"归属感危机"。

4. 因家人、长辈犯下的错误而觉得自己有罪，抬不起头来。

这些都会促使羞耻感的形成和强化。如果你常常觉得"自己有问题"，可能就是羞耻心在作怪，例如：

- 老板收到 PPT 却不回信：完蛋，自己搞砸了。
- 骂了孩子却又后悔：我是个差劲的妈妈。
- 朋友一句"你的新发型也太嫩了"：满脸通红。

尽管羞耻心貌似无害，实际上却给我们带来很多负面影响。

首先，羞耻感引发的长期负向情绪可能造成心理疾病，例如焦虑症、抑郁症。很多接受心理治疗的患者要用几年时间才能开始面对和承认一些事件，之所以难以启齿，就是因为羞耻心不愿回看，因此推迟治疗和康复。

此外，羞耻心还会带来很多关于自己的负向信念，而很多这样的信念是不真实的，例如以下这些限制性信念：

- 我总是搞砸。
- 我不值得被爱。
- 我注定要失败。
- 我永远都不够好。
- 我不配得到好东西。

当我们觉察到羞耻心升起时，不用大惊小怪，也不用妖魔化它。毕竟，它出于一种无辜的、渴望被爱和被接纳的原始动机。但与此同时，我们要警惕被羞耻感卷入情绪旋涡，也要觉察因羞耻心触发的限制性信念。如果你不确定自己是否存在限制性信念，可以从观察情绪入手：生活中是否总有一些人和事让你感到困扰、内耗、痛苦、烦躁。在这些被卡住的处境中，我们很可能已不自知地陷入限制性信念的牢笼。限制性信念是束缚我们的消极思维定式，例如从内心深处觉得自己不够好，永远无法获得爱情、成功、幸福，甚至不配拥有幸福等。受制于这些信念，我们会失去每时每刻选择幸福的权利。

下面则是一个"为限制性信念松绑"的练习，它由经典的自我关怀冥想"柔软 – 放松 – 允许"（Soften–Soothe–Allow）发展而来。

练习：为限制性信念松绑（SSA）🔊

请找到一个舒适的姿势，如果感觉安全，请闭上眼睛，可以把双手放在胸前，或者自然地放在身体地图上，可以给到自己支持和抚慰的部位。

请在脑海中想象一个目前生活中存在的困境，这个困境让你产生了一些关于自己的限制性信念。

请你生动地回忆这个情境，当时都有谁在场，发生了什么，他们有哪些行为，说了什么话，有怎样的肢体语言和表情。

请用几个呼吸，让自己进入当时的情绪，请你尝试去命名感受到的情绪。

此刻，请你观察一下，这种情绪背后是否存在一些关于自己的负向信念，例如是否因为这个困境，或这种情绪认为自己没有能力、没有勇气，或者不值得被爱，不配拥有更好的生活。

当你锁定某个强烈的信念时，请觉察一下这个信念，给你身体带来了怎样的感受，在身体的哪个部位感受最明显。请关注这个身体部位，尝试描述这些感受，例如可能是紧张，或是僵硬，可能有点热胀，或是发凉。请你尝试去软化这种身体感受，也许仅仅从它的边缘开始软化。请你轻轻对它说："柔软，柔软，柔软……"

我们很难让这个信念立即消失，但我们可以去抚慰受伤的部位。你可以把手放在这些部位，如果找不到情绪存在的具体部位，可以把双手放在心灵区域。

用一些语言抚慰自己，可以直呼自己的名字，例如："亲爱的（你的名字），我知道你感觉很糟糕""这真是一个困难的时刻啊！""我怎么做可以帮上忙？"

尽管我们无法让习惯性的信念消失，我们可以在这个时刻跟自己在一起，跟自己所有情绪在一起，提醒自己去放松，放松，放松……

听到自己温柔的声音,看自己能否如实地感受,并放下所有的对抗,轻轻对自己说:"允许,允许,允许……"

此刻,我们没有必要探究限制性信念从哪里来,到哪里去,也没有必要知道,它会给我们带来怎样的影响。我们只需要去关注情绪和身体感受,用Soften(柔软)-Soothe(放松)-Allow(允许)的方法,紧紧拥抱自己,在内在建立自我关怀的力量。

当你感到心满意足时,就可以轻轻弹动一下手指、脚趾,回到身体所处的空间。

自我赞美

为什么赞美自己那么难?

当我们觉察到自我苛责的模式和羞耻感的升起,就从某种意义上看见了它们。看见是接纳的开端。当我们能够带着不评判的心去看见,带着好奇心去观察,带着友善去对待,那便是真正的接纳。

接下来,我们要向前一步,练习自我赞美。当你张开嘴准备夸自己时,请留意身体是什么感受。是不是有点不自然?哪怕现场只有你自己,你还是不好意思地低下头,或者内心尴尬一笑。为什么自我赞美那么难呢？

首先，我们怕把自己说得太好，万一搞砸了，会辜负别人的期望。还不如不显山露水，如果能做好，还能给对方一个惊喜。

其次，当代社会我们都不想成为不讨喜的"出头鸟"，他们处处表现得高人一等，过于自恋，让人觉得很不舒服。

此外，一个人的优势是不需要进行"处理"的，所以我们习惯性地忽略那些做得很棒的地方，反而是要下功夫把劣势变成优势。

还有我们提到的大脑具有的"消极倾向性"。里克·汉森博士曾说："对于糟糕的事情，我们的大脑就像是魔术贴，具有强粘连性，怎么撕也撕不开。而对于好的事情，大脑又像不粘锅，炒菜做饭连一颗米粒儿都别想粘上去。"大脑的这个特质完全是因为进化的需要。人类祖先在艰难的生存过程中，必须对危险和威胁保持敏感，于是更容易被负向信息吸引并持续关注。

最后是一个不太显而易见的原因：它叫冒名顶替综合症（Impostor Syndrome），指对于自己的成就持有怀疑，或把成功归于运气，担心一旦公开就会被发现能力不够。我隐隐觉得如果公开表功，所有的好运气都会溜走。后来，我发现周围很多人，尤其是女性，都有这种倾向，这很大程度说明在潜意识里有不配得的羞耻感。

赞美自己为什么更有用？

人类在追求目标的过程中有两种自我激励的方式，一种是促进定向（Promotion Focus），一种是预防定向（Prevention Focus）。促进定向关注的是实现积极结果，预防定向关注的是避免消极结果。促进定向就像是一位热情的探险者，总是寻求新机遇和挑战，渴望登上成功的顶峰。他们的眼中充满激情和希望，不断追求成就和喜悦。而预防定向则像是一位紧张谨慎的守护者，他们的目标是保持安全，避免错误，总是小心翼翼地保持警觉环境，防止失误或危险。

沃顿商学院的社会学教授亚当·格兰特（Adam Grant）更支持促进定向的调节方式。他提道：成长并不总是需要你批评自己的弱点，它同样来自学习利用你的优势，对于领导者和学生来说，一个有用的练习叫作"收集你的最佳状态"，然后根据共同主题创作自画像。研究人员发现，这时人们往往不会感到疲惫，而是发掘出自己原先没有看到的优势，并带着新的信心和能量将其付诸实践，争取更大的突破。

从赞美别人开始

之前我们提到的，都是针对不好的事情。如果好的事情发生在别人身上，我们会去随喜赞叹；如果好的事情发生在自己身上，敞开心扉去迎接就是自我欣赏。但随喜赞叹和自我欣赏都不是十分容易的。随喜之所以困难，是因为人类更倾向于共苦，而非同甘，尤其是当曾经共苦的人变强了，甚至成为比自己还厉害的人时，人类会出现不舒适的心理状态。而刻意"比较"会让人与人之间的差异更加显化，加之社交媒体上，我们看到的都是别人光鲜的一面；相比之下，我们的生活单调无聊，别人潇洒自律，我们既不甘心，又动弹不起来，唯一能做的就是眼巴巴看着别人硕果累累，心中五味杂陈，说是有那么一点点嫉妒吧，但也不愿承认，还会对自己尖锐评判："那可是你的朋友呀，你怎么就看不得人家的好呢？"

这其实是匮乏心态在作怪。人类进化的过程充斥着弱肉强食的竞争，当然少不了彼此间的配合与协作，但大脑的消极偏向性让我们更容易关注"资源是否足够"，这种不安全感天然让我们容易嫉妒别人的收获和成功。其实，丰盛心态的练习会让我们相信：美好的事情会一直发生，资源也会被源源不断创造。此外，如果改变我们的认知：别人获得幸福和成功恰恰向我们证实，这儿多了一种收获和成功的可能性，让我们获得幸福和成功的概率增加了，而非减少了——别人的成功也在为我们赋能。这样，我们就乐于随喜：在庆祝别人收获的同时感到内在的喜悦和由衷的祝福。

自从跟进食障碍作斗争以来，我就立志从事跟身心健康相关的领域。兜兜转转这些年，自我探索了一大圈，做过些许微小的尝试，但许久没有找到可持续的发力点。看到身边小伙伴纷纷投身于有机种植、食物疗愈、正念减压、身心整合的项目，一个个做得风生水起，这时难免会迁怒于自己的不争，归因于"太懒"和"不敢"。自我关怀的练习让我觉察到这些想法恰恰是习性反应，大脑的消极偏向性让我只看见自己的差距，觉得做得不够也不好，但这些都不是事实。这些年，我初心不改，持续在做各种尝试；之所以慢，是因为从头做一件没有做过的事，就像把自己重新养育一遍，需要时光的酝酿。一株植物的生长有它自己的时间表，必然要遵从自然界的规律。一粒种子埋入土壤要扎实地生根，要耐心吸收养分，还要借助阳光、雨露、空气、土壤的助力，才能破土而出，茁壮成长。所有深耕于身心健康领域的伙伴都是同道中人，是我的阳光雨露、空气土壤。在健康领域，我们服务的对象是全球约八十亿人口。我们所拥有的资源来自不断涌现的实践与灵感以及彼此之间的协同创造。每个人的成就意味着行业的胜利，更是彼此间建立合作、共同成长的契机。我对导师们深怀敬意，他们是我的榜样和引路人；我也致敬每一位同行，是他们在每一天每一刻给我灵感、激励和启发，更重要的是，在同行的路上我不再孤单，感到很强大。

接下来，我们将一起做 Mudita（随喜赞叹）练习。Mudita 是一个梵文术语，通常被理解为一种从欣赏他人的成功和好运中产生的快乐形式。这一概念的核心是体验到他人快乐时产生的真诚、无私的幸福感，就像父母看到孩子成功时感到的喜悦一样。实践中，它鼓励通过分享他人的快乐来增强自己的积极情绪，培养一种超越嫉妒或恶意的无限幸福感。Mudita 试图证明：快乐可以是一种共享的体验，不仅限于个人直接的体验。除了培养随喜赞叹的品质，也可以作为一个净化练习，帮助我们转化负向情绪和感受。

练习：Mudita 🔊

请找到一个舒适的姿势做这个练习，保持脊柱向上延展，心胸打开，肩膀自然下垂，放松。接下来，请在脑海中想象一位最近有喜事发生的朋友。也许，TA 刚刚升职、加薪，或准备出版一本书，又或者减肥成功，还可能刚刚开启一段令人羡慕的爱情。请在心里默默地说："我为你开心，也祝你一直这样幸福下去。"当然，你还可以用自己的语言和方式祝福 TA。

如果此刻，你发觉自己有些复杂的感受，可能是嫉妒或者羞耻，它们也可能反映在身体感受上，例如心灵区域空荡荡，腹部或者喉咙发紧……请在这个时刻觉察一下，接着用善意和慈悯对待自己，你可以用小名或者"亲爱的"称呼自己："亲爱的，你很想为自己的朋友开心，但与此同时你还有点悲伤，因为你也想跟 TA 一样好运。"

你可以把一只手放在胸口，另一只手放在小腹，轻轻抚慰自己受伤的部分，心中默默说："无论你有怎样的情绪和想法，这都是允许的；所有人都可能会出现这样的情绪和想法，你并不孤单。这一切都是允许的，我会一直跟你在一起。"

Mudita 练习会帮助我们净化，只要持续练习，我们会越来越多地注意到别人的幸运，真心为之祝贺和祝福的能力也会慢慢加强，那么有一天你会发现，自己正融化在别人的喜悦里。

勇敢地自我欣赏

> **练习：自我欣赏十条**
>
> 请写出至少十个你欣赏自己的地方，可以是你的某些特质，你的技能、成就和优势。
>
> 在写下这些特质时觉察一下身体和情绪感受：你的身体是舒适的、自然流畅的，还是紧绷的、卡顿的？你的情绪是欢欣鼓舞的，还是尴尬陌生的？如果你感到不舒服，可以参考之前的笔记探索阻碍自己的原因。如果你觉得自己还不够好、不值得被欣赏，或是自我欣赏让你觉得自恋或自大，请回顾我们曾提到的共通人性：你拥有的一些美好品质也是全人类共有的，自我欣赏只是承认与接纳优秀品质在自己身上的呈现，而并不是自恋自大或以自我为中心，请你给自己一点时间，慢慢练习从容地接纳，平静地欣赏，直到有一天你能够自然又自信地为自己庆祝。

如果这样做有困难，可以想象你的家人、朋友、同事，他们曾（会）怎样夸奖你。如果很难想象，就请约个时间聊一聊他们眼中的自己吧。

> **练习：请你听我夸自己**
>
> 在这个练习中，你会跟你的小伙伴成为彼此的教练，引导各自看到更多关于自己的闪光点：一个人发问，一个人回答，角色分别为 A 和 B，时间各设定为三分钟。你既可以分享多个自己值得欣赏的品质和故事，也可以集中分享一件事中自己做得很棒的地方，甚至是一件你感觉自己没做好的事情，但是尝试看看有没有一些你做得还不错的地方。
>
> A：请你告诉我一个你欣赏自己的品质/你做得很棒的事/你做得还不错的地方。
>
> B：XXXXX
>
> A：谢谢你。请你告诉我一个你欣赏自己的品质/你做得很棒的事/你做得还不错的地方。
>
> B：XXXXX
>
> A：谢谢你。请你告诉我一个你欣赏自己的品质/你做得很棒的事/你做得还不错的地方。
>
> B：XXXXX
>
> 请说到三分钟结束。
>
> 时间到，A 和 B 交换角色，继续夸奖自己，同时觉察内心感受。

卢克十年前得了帕金森症。医生让他多运动，他开始练习乒乓球。起初,他的练习非常顺利,接连升级,并且开始跟越来越资深的选手交锋。但是,他发现这些资深选手非常厉害,不仅动作更加敏捷,而且技术也十分娴熟,然而他们对其他选手出现的错误,容忍程度非常低。每当自己丢球或是出现失误,他就会遭对手或队友的白眼。他便开始怀疑自己,打球变成了一件高压力事件,弄得自己都不再想去打球了。

基于这些基本事实,我和卢克开始做这个练习。

我:卢克,你能告诉我在这整件事里,你做得还不错的地方吗?

卢克:我能够开始练球,并能飞快进步。

我:谢谢你。你能告诉我在这整件事里,你欣赏自己什么?

卢克:我欣赏自己不像一个病人,我思维灵活、动作敏捷,可以跟场上最优秀的选手对打,就算没有赢,可谁也没有看出来我是帕金森病患者!

我:谢谢你。能不能告诉我在这整件事里,还有什么是你做得很棒或欣赏自己的地方?

卢克:我的医生说我恢复超棒,我简直就是奇迹,我想我给了很多人希望。

他说着,眼睛开始闪光,语气里充满对自己的赞赏和骄傲。我也被他打动,他真的成了很多人的榜样。哪怕在一件给我们带来负向体验和情绪的事里,也可能有我们做得不错的地方,但是大脑的消极倾向性,以及总想去解决问题的特质,让我们把注意力全部放在了糟糕的体验和棘手的麻烦上,而忽略了自己闪光的地方。

我：谢谢你。最后能不能告诉我在这整件事里，你还有什么欣赏自己的地方？

卢克：十年了，我还能做喜欢的运动，并且技术越来越好……我几乎忘了这一点！动起来的每一天对我来说都是恩赐。

说到这儿，他开始哽咽，我跟他都在此刻沉默了，我们同时被心灵区域升起的情绪所触动，他带着自我关怀和感恩，我带着对他的关怀与联结。当我们开始关注和感谢自己拥有的资源时，我们的心就会变得柔软，心灵区域的能量就会流动起来。

Week6　共通人性

如果我们能够理解并认同所有人在经历挑战、挫败和情绪体验上有着高度的一致性，我们也就更容易接纳自己。本节课我们将通过研究案例和我的亲身经历，配合练习，一步步验证一种洞见：所有人都有相似的需求和渴望，大家彼此关联互相影响，与宇宙万物也息息相关。

所有人都在历史往复里演绎着彼此的故事

我们提到过共通人性是指，同为人类的孩子，我们跟所有其他人一样，有着相同或相似的生理构造、心理特征、生命体验和情绪感受。所有人的生命都有高潮，也有低谷，有成功，也有失败，我们都会出错，会流泪，会心碎。而这些人类共通的经历，会让我们彼此深深理解，会增强我们的联结感和归属感。

我整理了一些自己和身边小伙伴经历的挣扎，看看你是不是也有类似的体验。你还可以尝试写下一些自己经历的痛苦，然后看看这些痛苦是不是别人也经历过或经历着，或是写下自己的情绪感受,再看看这些情绪感受是不是人类共通的。

- 因为胖被笑话。
- 喜欢的人喜欢上别人了。
- 被老师当众数落,很羞耻。
- 考试失误。
- 从事一份不喜欢的工作,却没有勇气离开。
- 想要推广自己的作品,却羞于表达。
- 弄坏了一件珍贵的礼物。
- 无法按时交作业,压力山大。
- 工作评估比我想象中的分数低。
- 跟曾经的好朋友渐行渐远。
- 跟妈妈吵架后悔了。
- 父母年龄大了,身体出了毛病。
- 平衡工作和生活,兼顾孩子和老人,活在夹缝间的中年人好累。
- 外面有那么多人,我却仍然感到很孤独。

是不是发现我们所有人都在平行空间里经历着类似的故事?

某组织做了一项叫作"Look Beyond Borders"(超越国界)的公益实验:他们把一组欧洲难民和一组本地居民邀请到拍摄现场,分别让一位难民和一位本地居民在一个安静的空间里单独见面,面对面坐下来,互相凝视四分钟。他们之前从来没有见过面,刚刚坐下来跟陌生人四目相对时,都有明显的尴尬、手足无措。但随时间一分一秒的流逝,神奇的事情发生了:每一对实验参与者之间都发生了化学反应，他们的眼睛里流露出温暖的光，嘴角漾起微笑，有的开始交谈，并找到了共同话题，有的彼此间产生了共鸣，开始有身体的接触，年龄最小的参与者是两个小女孩，她们已经相互追逐着玩耍起来。四分钟结束时，每一对参与者紧紧相拥，有的留下了联系方式，还有人甚至泪流满面。实验证明，四分钟对视比任何其他实验都更能让陌生人之间发生特殊的联结。

令人匪夷所思的是，我们本能地惧怕对视，尤其是跟陌生人对视，如果一不留神对上了，会尴尬地移开目光。然而，不只一项社会心理学实验结果证明，刻意维持的对视能够增进陌生人之间的亲密感，甚至能够促成亲密关系的形成。默默对视，其实也是一种交流，虽然没有言语，但目光、表情、姿态，都更胜过言语。一些深情与共鸣，会穿过眼神，直接抵达对方的心灵。眼睛是心灵的窗户，当你决定凝视对方，就是通过眼睛敞开心扉，你放下了自己的防御，展示了你的脆弱感，并愿意全身心投入这场活动，对方也能感受到这种超越语言的默契和一致。

我们在线上课也进行了这个练习，跟我对视的是来自墨西哥的女孩维罗妮卡。在对视之前，我们的交流有限，仅仅是彼此打了招呼，交换了目前定居的城市：她在纽约，我在杭州。对视开始时，我才有机会发现她乌黑的长发、小巧挺拔的鼻子、巴掌大的精致脸庞，美得好像电影演员。我开始注视着她的眼睛，她的瞳孔也是深色的，睫毛像是两把刷子，浓密而卷曲。她的眼睛如夜幕低垂时两泓清澈深邃的湖水，当她专注而深情地注视着我时，我略微有点不好意思，好在她眨了眨眼睛，睫毛轻刷眼睑，像蝴蝶的两扇翅膀翩翩起舞。

突然我的脑海中闪过一个画面：年轻的维罗妮卡背井离乡，一个人在纽约生活。我想象得到她可能面临的艰辛：语言文化的差异，对远方亲人的思念，读书工作的挑战，快节奏高压力的生活……她有没有结识新朋友？她有没有可以依靠的亲人？我突然非常心疼她，她让我想起我二十多岁那些年，一个人在纽约打拼时的笑与泪。而此刻的她看起来如此淡定美好，一定可以把自己照顾得不错。想到这里，我很为她骄傲。四分钟对视练习结束的磬声轻柔而悠长，我的两颗滚烫的泪珠随之滑落，而此刻，我看到维罗妮卡的睫毛上也闪烁着晶莹的泪花。

后来，我跟维罗妮卡交流时才知道她2019年结婚，生活在位于曼哈顿的切尔西街区，正在养育一个两岁的男孩。位于海峡两岸的我和维罗妮卡惊喜地发现，我们在同一年结婚，我们的孩子是同样的年纪，切尔西也是我们共同生活过的街区。几分钟前对彼此一无所知的两个人，竟然发现我们的人生原来有这么多交集。

在亲子瑜伽练习中，我们做过一个给妈妈和宝贝们的对视练习，叫作"海豚与美人鱼"。小孩子的注意力时间很短，所以我们采用了集中注意力时长更短而趣味性更强的游戏：孩子们和妈妈被分成人数相等的两组，一组围成小圈，扮演"美人鱼"，在美人鱼的外圈，另外一组围成一个大圈，扮演"海豚"。内圈的妈妈和宝贝们面朝外，跟外圈妈妈和宝贝们两两一组面对面站着。音乐响起时，每位美人鱼和对面的海豚对视，每过二十秒钟，带领者提示："美人鱼不动，海豚向右边移动一个位置，跟下一位美人鱼目光对视。"就这样，做到第二圈时，就有相互对视的妈妈绷不住了，热泪盈眶。她们中有人说："这个练习太扎心了，不敢看对方妈妈的眼睛。"也有人说："看到她眼神疲惫，我就好心疼她，她一定没睡好觉。"还有人说："不知道为什么，她眉头一皱，我就破防了。"成为妈妈是一个充满爱、勇气和奉献的旅途，只有妈妈最懂妈妈，在对方的眼睛里，她们也看见了自己。仅仅是一个眼神就能理解对方的需求和挑战，这是共通人性中的共同母性部分。哪怕是看起来多么不同的两个人，也总能从对视中感到些许共鸣，以及由此生发心灵的共振。

> **练习：对视四分钟**
>
> 请选择一位家人或伙伴进行练习。在对视过程中，请觉察你的感受、情绪，尤其是心灵区域的感受变化。
>
> 对视结束时，可以跟你的对视伙伴交流一下彼此的发现，并在心灵日记中记录。

共通人性的要素

在内夫博士发展的自我关怀体系中，共通人性是核心元素之一，主要包含以下几个方面：

1. 对于共同经历的共识：认识到困难和挫折是人类共同的经历。这意味着，当我们遇到挑战时，我们并不是孤独的，而是与其他人共同的经验相连。

2. 共情和联结：通过认识到他人也有类似的苦难和挑战，我们可以培养与他人的联结感，有助于减少孤独感和隔阂。

3. 接纳不完美：接受自己和他人都不完美，是人性的一部分。这有助于我们更加宽容地看待自己的缺点和失败，也能减少对他人的挑剔和评判。

4. 培养慈悯心：通过对他人的苦难感同身受，我们可以培养更深的慈悯心，不仅对他人，也对自己。

培育共通人性的第一步

培育共通人性的第一步是通过理解所有人都渴望获得幸福，渴望远离痛苦，来培养对自己和他人基本共性的认同。通过"TA和我一样"这个练习，我们会自然发现，无论是我们所爱的人，不熟悉的人，还是我们不那么喜欢的人，大家都拥有基本诉求，那就是平安、幸福，远离疾病、痛苦，这就是基本共性。

练习：TA 和我一样 🔊

现在请想象一位你关心和爱的人，可能是你的家人或朋友，想象 TA 进入你的脑海；尝试感受一下 TA 的到来，给你的身体和心灵带来怎样的感受；请用几个深呼吸，尝试去伸展你的心灵区域，欢迎和容纳 TA 的到来。

去观想这样的事实：这个你爱的人，TA 的一生是什么样的？TA 是不是跟你一样，有高潮也有低谷？TA 是不是跟你一样，也有目标和梦想？TA 是不是跟你一样，也是别人的孩子、别人的伴侣，或别人的父母？TA 是否也曾体会过痛苦的滋味，有过悲伤、恐惧和愤怒，跟你一样？TA 也希望自己的一生能够去爱，被爱，去创造，被认可。请在心中默念："和我一样，TA 也希望获得幸福，并远离苦难。"看看你是否认同这个表述：TA 也和我一样，此生渴求幸福，远离痛苦。

下面请想象一个你不太熟悉的人，TA 跟你既不亲密也没有冲突，TA 可能是你去咖啡厅遇见的人，或者是你不太爱讲话的邻居，不熟悉的同事。在你的脑海中勾勒这个人的形象，并感受 TA 给你带来的感受。用几个深呼吸，也为 TA 创造一些心灵空间。

做同样的观想。

接下来，我想邀请你想象一个你不喜欢的人，你们之间存在矛盾或冲突，TA 曾给你带来过伤害，或者漠视你的需求，不认同你的价值观。此刻请用几个深呼吸，尝试拓展你的心灵空间，允许 TA 的到来，感受 TA 给你带来的身体感受。如果不舒服，你可以继续用呼吸去延展心灵空间，直到能容下 TA。

做同样的观想。

现在请去观想这三个人的存在——你爱的人，你不熟悉的人和你不喜欢的人。不难发现，他们都有着同样的事实：他们都希望获得幸福，远离痛苦，他们都是人类社会的成员，都拥有这些基本的渴求。从这点看来，我们所有人都一样；人类社会的所有成员也因此深深相连，彼此懂得。我们都一样。现在尝试把这个发现从脑海中剥离，用心去感受：所有人都一样，从出生到死亡，都有目标，有梦想，有自己在乎的人或事，经历相同的悲欢离合。此刻尝试去拓展你的心灵空间，感受 TA 的拓展给你带来的更多的慈悯。你可以联系到你的慈悯之源，那个无条件爱你、接纳你的源头。

尝试去观想，你的生命在冥冥之中受到许多力量的加持，有熟悉的，也有陌生的，知道的，不知道的，允许的，未允许的。所有人的生命都是这样，跟所有其他人相互联系，彼此影响，许多人都在暗中受到他人的支持。

练习：我们都一样 🔊

在最近的生活中，找到一位让你有点心烦的人，可能是排队时突然跑到你前面的那个人，也可能是在公司群里极力表现自己邀功请赏的那个人。请在脑海中勾勒出 TA 的形象，在心里默默重复这些话：

这个人有身体和思想，就像我一样。

这个人有感受和情绪，就像我一样。

这个人在 TA 的一生中经历过身体和情感的痛苦与折磨，就像我一样。

这个人在某个时刻感到过悲伤，就像我一样。

这个人在生活中感到过失望，就像我一样。

这个人有时感到愤怒，就像我一样。

这个人被他人伤害过，就像我一样。

这个人有时感觉不配或不足，就像我一样。

这个人有时感到担忧，就像我一样。

这个人有时感到害怕，就像我一样。

这个人渴望友谊，就像我一样。

这个人正在学习，就像我一样。

这个人希望对他人友善，就像我一样。

这个人希望对生活给予的一切感到满足，就像我一样。

> 这个人希望免于痛苦与苦难,就像我一样。
>
> 这个人希望快乐,就像我一样。
>
> 这个人希望安全且健康,就像我一样。
>
> 这个人希望被爱,就像我一样。
>
> 现在,让一些渴望幸福的愿望自然涌现,请对TA说:
>
> 我希望你拥有克服生活困难的力量、资源和社会支持。
>
> 我希望你免于痛苦与苦难。
>
> 我希望你平和且快乐。
>
> 我希望你拥有爱。

观察一下,当你吟诵这些语句时,你的内在会发生怎样的不同。

为什么我们的心会关闭?

人的本能是联结,但在现实生活中我们为什么会把自己的心关上呢?大家可以尝试想象在什么情况下我们的心会封闭?大多数人在紧张、恐惧、厌恶、嫉妒、竞争或预感不确定性时,出于自我保护的本能,会把心关上。但是正如之前我们提到的,当我们把心关上以避免伤害时,我们也阻碍了那些美好心灵特质的自由流动。

同理心也无法发挥效用了,我们要么变得冷漠,要么对抗,我们不再把对方当成"人"来看,而是当成"另一类"。此刻,你也可以想想自己把哪个人或哪些人当成另一类？他们是谁？他们都有哪些特点：

比我们学历高或低？比我们穷或富？对于某个问题跟我们观念不一样？让我们感受到压力或威胁？做出过非常糟糕的事情？

人类历史在不同时期，经常上演把跟自己有差别的人类区别对待的惨剧。战争、暴力都存在"视人非人"的一面，从语言称谓就可以窥见一斑。

人类带着这种自然的倾向，选择对跟我们不一样的人保持封闭和对立。从校园霸凌到网络霸凌，匿名世界里的视人非人的现象更加严重。我们的正义感要惩恶扬善，我们的愤怒要有出口，糟糕的行为要有后果，这些都没错。同时，我们也要意识到每个人都有故事，每个人都有值得同情的一面，在保持理性，捍卫公平时，更需要将心敞开，避免走向另一个极端。

缩减小我

艾克哈特·托尔在《新世界》一书中提到了"小我"，以及"缩减小我"的刻意练习。他认为一旦有了小我的概念，分别就产生了：人类想证明自己是对的，就要证明别人是错的。人类对虚幻小我的认同，以及小我"总是需要更多"的欲望，是人类痛苦的根源，也引发了不同群体之间的冲突，包括环境生态危机。

小我的自然反应是防御，试图证明自己是对的，或者采取行动以恢复受损的自我。"缩减小我"则建议我们不用立即反击或寻求外部认可来证明自己是对的，无须恢复我们的自我感觉，而是允许自己体验这些不适感。当我们停止试图维护或提升自我形象时，会开始减少自我中心的态度和行为，从而促进更真诚、更有意义的人际关系。

> **练习：缩减小我**
>
> 从今天起，当你面对批评、失败、委屈或任何其他形式的拒绝时，尝试不用立即反击或寻求外部认可来证明自己是对的，无需恢复令你舒适的自我感觉，而是允许自己体验这些不适感。

实践这种缩减小我的方法并不易，它要求我们有意识地放慢反应，观察自己的内在体验，学会以一种更加开放和接纳的态度面对生活中的挑战。

培育共通人性的第二步

培育共通人性的第二步是：通过认识到我们的生命与他人息息相关，培养对他人的欣赏、感恩。

"人"这个字的结构，一撇一捺相互依托，不就恰恰象征着人与人之间就是相互支撑、彼此相连的关系吗？

我们是如何与他人产生联系的呢？首先通过我们的父母。如果没有他们，我们就不可能存在于这个世界上。而我们的父母也有他们的父母。他们经历过战争、自然灾害、疾病、饥荒……还有其他现代社会难以想象的危机、磨难，他们需要全部活到适育的年龄，才可能有今天我们的出生。除了自身顽强的意志和生命力，祖先们一定也曾接受过他人的帮扶。单一的个体总是脆弱的，尤其是在古代，只有在部落家族的庇佑下才能生存。试想，他们经历着怎样的挣扎？他们拥有怎样的心境？他们期待什么样的爱情？他们对未来有怎样的愿景？他们如何缅怀祖先？他们又可曾为儿孙后代祈福？我们的祖先，虽然在不同的社会体制与环境下生活，从事截然不同的劳动，但他们和我们经历着一样的喜怒哀乐，拥有类似的愿望和理想。

我的女儿焦糖一岁生日那天，在书房的地板上爬来爬去，阳光照在她的额头上，她正兴意盎然地追逐着光和影。那时，四世同堂的太奶奶刚刚过完一百岁的生日。我的思维穿越百年，来到太奶奶刚刚满周岁的光景，那时人们穿着长袍，女性们裹着小脚。虽然穿着不同款式的衣裳，但还是个小婴儿的太奶奶应该跟焦糖有着相同的神态、姿势和情感表达吧。在这个年龄段的宝宝是可以穿越历史的。当我想到这些，我的眼睛湿润了。太奶奶还是少女的时候，是否在月光皎洁的深夜里透过窗棂，对着月光，畅想自己的爱情，祈祷父母的健康和家族的兴旺？是否会奢望自己能长命百岁，子孙满堂？

铭记传承的冥想能够帮助我们：

1. 认识到人类体验的连续性。通过想象祖先的生活经历，我们认识到人类面临的挑战和经验在历史长河中具有连续性。尽管时代在变，但人类的基本情感和挑战却有许多共同点。

2. 增强归属感和身份认同。通过铭记传承，我们能够更深刻地理解自己的根源和身份。这种深层次的归属感强调了个体与社会、历史的联结，让我们感到个人的生活并非孤立存在，而是与广泛的人类历史和文化紧密相连。

3.增强感恩与共情。思考祖先的生活挑战和他们收获的帮扶，可以激发我们的感恩和敬重。这种视角帮助我们更加体恤他人，因为我们认识到每个人都息息相关，都受到别人慈悯的眷顾。

4.体会共通人性。祖先冥想提醒我们，无论是在过去还是现在，所有人都在努力寻找幸福、应对困难、建立关系。这种认识强化了我们对共通人性的感受。

练习：铭记传承

1.冥想准备：找到一个安静舒适的地方坐下，闭上眼睛。通过深呼吸放松身体，吸气腹部轻轻扩张，呼气慢慢释放身体的紧张。

2.展开想象：想象你的脚底生根，深深地扎进大地中。感受这个连接给你带来的稳定和力量。

3.呼唤祖先：在你的心中呼唤你的父母，想象他们微笑着出现，并站在你的身后，给予你所需要的爱与支持。接着想象你的祖父母和外祖父母，分别站在你父母的身后，他们的面孔挂满爱意。随着你在心中呼唤列祖列宗，你看到了更多的祖先出现在你的身后，一代接一代，逐渐形成浩瀚的人海，所有人都来自你的家族，跟你血脉相连。

> 4. 感受赋能：现在，感受你的祖祖辈辈为你赋能。他们的力量、智慧、勇气和爱汇集成一股巨大的能量，从遥远的时空流向你的父母，再从你的父母流向你。这股能量温暖而强大，填满了你的整个存在。
>
> 5. 接受力量：你接受着源源不断、四面八方来自祖先的能量。感受它如何加强你的内心，让你更加坚强、更加智慧和充满爱。每一次呼吸，你都会更加深刻地感受到这股力量。
>
> 6. 感谢祖先：请向祖先们表达你的感激之情，他们的存在、他们的生命故事、他们的宝贵遗产直至今天，都在眷顾着子孙后代，为你提供支持和力量。
>
> 7. 返回现实：当你准备好时，请跟祖先告别，向他们默默致敬。之后，请随着深沉缓慢的呼吸，逐渐感受到你的身体和周围环境。轻轻弹动手指和脚趾，缓缓睁开眼睛。
>
> 8. 结束冥想：结束这次冥想时，带着这种与祖先的连接和从他们那里接收到的力量，回到你的日常生活中。记住，无论你走到哪里，你的祖先和他们的力量总是与你同在。

这段冥想给我带来了滋养，让我生平以来头一次感受到我从来都不孤独，从来都充满着力量，并且永远被祝福和庇佑着。曾经的我并没有归属感，前半生都在漂泊，漂泊在太平洋两岸，漂泊在中西方之间，漂泊在各种不同种族文化的碰撞中，我很难完全融入，大多数时间保持疏离。疏离是一种自我保护，可以前进，也可以后退，可以投入，也可以离开。就像我一次次从一个城市迁居另一个城市，曾经呵护的关系正是满树繁花，我却又要离开。永不干涸的好奇心推动着我去探索更广阔、更新鲜的城市、人群、生活方式和文化，却发现自己如浮萍一般。通过连接祖先，我终于找到自己的根，长出自己的枝条、叶脉，真正开始跟其他文化融和。我开始去了解我出生的地方，在祖先生活过的土地上，我创作了下面的冥想引导：通过植物的意象观想，我们会感受到跟家人和祖先的连接，感受到生命之流的生生不息，感受到生命之间的蓬勃联系。

练习：假如我是一株植物 🔊

想象如果你是大自然中的一株植物，你会是什么植物？

你是什么样子，什么颜色，有多高，多大？

如果你有叶子的话，叶子是什么形状，有着什么样的颜色，摸起来是什么质地？

如果你有花朵，它是什么样的，什么颜色，它的花瓣是什么质地，什么香味？花朵的中心有花蕊吗？花蕊摸起来是什么触感？

如果你有果实，它长在哪里？它是怎样的形状、颜色、质地？把它托起来有多重？它的皮和果肉是怎样连接的？它有怎样的味道？把它瓣开，里面有没有种子？

想象你的生命也是从一粒种子开始，在不经意间被埋在了土壤里，遇到适宜的阳光、空气、雨露的滋养，你逐渐生根、发芽，长成一株挺拔的小苗。你和你的兄弟姐妹们一起出生，一起成长，你们的背后是你的父辈和祖先，漫山遍野都是你们的家园。

去感受阳光的温暖，感受它照在你的脸上、睫毛上、头发上、身体上。

一阵风吹过，你感受到了风的湿润，有点凉，却也很舒服。

就这样你看着你这株植物，看它在微风中轻轻摇摆，在阳光下茁壮成长。

你看着它经历了花开花落，经历了风吹雨打。

就这样一年过去了，三年过去了，五年、十年过去了，五十年过去了……

你看着它经历了种种变迁：你的种子播撒在何处，又是怎样被土壤揽入怀中，被阳光雨露滋养。

你看着它世世代代繁衍，每一口吸气，你都能闻到土壤的清香，每一口呼气，你都会把种子越吹越远。

你的子子孙孙越来越多，遍布整个山脉、整片森林。你的整个家族用同一种姿态，随风轻轻摇摆。

轻轻吸气，呼气。

> 轻轻晃动一下身体,脚掌逐渐去踩实地面,稳定重心,并逐渐找到双脚的力量,向上,找到双腿的力量,再向上,找到核心的力量,直至全身的力量。

作为人类,我们不仅跟自己的家族、种族和其他人类息息相关,还跟自然界的万千物种发生联系。我们穿在身上的一针一线,吃进肚子的一蔬一饭,日日不离的阳光、空气、水,都是大自然的产物。

> **练习:一个给我,一个给你**
>
> 第一步:在正念观想中,连接到广阔而深邃的慈悯之源,就是那个无条件爱自己、关怀自己的源头,同时体会到这个慈悯之源是丰富的,永不枯竭,随时随地都可以为你服务。
>
> 第二步:开始呼吸练习,每吸入一口气,观想从宇宙中吸收积极能量滋养自己;每呼出一口气,想象把这些积极能量传递给目标对象,也让TA能收获滋养。

给予会让我们感觉更好。在这个练习中,我们一边补给自己,一边滋养别人。

培育共通人性的第三步

不只人与人之间，人与宇宙万物之间也有着千丝万缕的联系。一切事物都不是孤立存在的，而是通过无数因缘相互连接、相互作用而成。一行禅师通过一张纸与一朵云的关系，生动地阐释了这一观点：无云，则无雨；无雨，则无树；无树，则无纸。所有因素都是相互依存、相互影响的。

一张纸中蕴含的不仅仅是物质本身，而是整个宇宙的缩影。它提醒我们，我们的存在和所有事物紧密相连，我们的行为和思想都会以看不见的线索影响整个生命网。正念的生活就是认识到这种深刻的互联性，以一种更有意识、更有爱心的态度去生活。

这些故事，不仅让我们感受到万物之间的密切联系，也启发我们去实践慈悲与智慧，让我们的生活更加和谐、平和。在这一切中，我们学会了祝福与感恩，因为每一刻的存在都是无数因缘汇聚的奇迹。

练习：轻声地祝福你

悄悄给一个生命体送去祝福，可以是人类，也可以是宇宙中的其他生命体，例如小区里的流浪猫，小溪中的鱼，岸边的杨柳，或者花园里的一块鹅卵石。

当你向人类送祝福时，可以向陌生人送去普遍的祝福，例如祝你平安、健康、幸福、美满；也可以是非常具体的祝福，例如祝你"通过面试""考试顺利""早日

> 康复",哪怕是最简单的"周末愉快"。最重要的是,当你送出祝福时,一定要真诚,把全部的注意力放在心灵区域。无论是在心中默念,还是轻声说出来,请认真注视着这个人,或者在脑海中想这个人的形象,感受送出祝福的同时,来自你心灵区域的能量状况。

我时常给陌生人送去祝福,收获心灵盛开的花。有时我会为给我带来不悦的人祝福,并发现这是一个极其有效转化负向能量的方法。有一次在路边人行区域里散步时,我手中满满一杯拿铁被迎面而来的外卖小哥撞了一下,咖色的拿铁泼洒在我白色的羊绒裤上,像一朵绽放的牡丹花。小哥头也没回,扬长而去。我想冲他吼,但看着他冷风中单薄的背影,我突然生出一种慈悯:也许他根本没有意识到自己撞到了我,他只想快点抵达目的地,就像我一样。于是,我在心里默默地为他祈祷:"希望你准时抵达目的地。"我不断重复着这些祝福,几分钟前的愤怒与抱怨就在这个过程中缓慢消融,我的心被爱与慈悯充满。

这是一个神奇的练习,80%的练习者都提到在悄悄送出祝福时,心灵区域会有"暖流在流淌""就像融化的棉花糖""酥酥麻麻,像微笑着穿梭的电流"。

Week7　慈悯沟通

要做到自我关怀必须知道自己的需求，有时我们可以满足自己的需求，有时我们需要寻求外界支持，这就涉及沟通的技巧。本节课，我们将讨论一种安全有效的沟通方法——慈悯沟通，并练习用这种方法表达内心的真实需求。

什么是慈悯沟通

非暴力沟通专家马歇尔·卢森堡（Marshall Rosenberg）曾说："任何缺乏技巧的行动背后都有一个未被满足的需求。"自我关怀一个重要方面在于共情两部分的自己：那个后悔当初行动的自己，那个做出抉择和行动的自己。哀悼和自我宽恕的过程，就是解放我们的过程；共情两部分的自己，我们会获得不同品质的成长。时刻跟我们的内在需求保持连接，我们才能创造性地满足它们。

这段话是想告诉我们，跟自己的需求保持连接是至关重要的。在学习建立自我关怀初期，我们在挑战中发掘自己内在的需求，再尝试给自己所需要的支持或向外寻求帮助。在跟外界求助的过程中，用慈悯的沟通方法表达自己的需求是必备的技巧。

向对方沟通需求发生的场景，通常是当对方没有看见、忽视或未能满足自己需求时。在沟通之前，我们要看见并承认自己是有需求的，并且能够跟自己的需求保持连接；同时，还要认识到抱怨、评判和指责对方反而会启动对方的防御机制，对沟通是没有什么帮助的。如何进行慈悯沟通呢？下面分享一些技巧。

第一，**保持觉察**：否则需求会被掩盖或淹没，以缺乏技巧的方式发泄出来，带来更多麻烦。例如如果以暴怒的形式爆发，可能会给关系带来损害；如果压抑需求，就像埋了一个定时炸弹。

第二，**自我关怀**：自我关怀的"三句箴言"非常适合当下无法被满足的需求，包括承认这个时刻很糟；认识到困难情绪是生而为人的挑战，所有人都一样，我们并不孤单；再给自己一些力所能及的支持。

第三，**沟通表达**：

· 承认所有人都有需求，这也是共通人性的一部分。

· 认识到评判和责备是沟通障碍，因为人类听到指责会启动自我防御机制，变得更加抗拒，问题依然得不到解决。

· 探索深层需求，以及这些需求在身体层面的反映。

· 掌握慈悯沟通的方法，锁定表达对象，沟通自己的需求。

想象最近出现的一次冲突，跟自己内在的需求连接，先看见并承认它的存在。

在一个不被打扰的空间，准备好纸和笔，先通过几次深呼吸让自己平静、放松。回想一件令你不开心的事，最好是近期发生的。对于初次体验者我们建议由浅入深，从轻度到中度的情绪开始练习，等逐渐积聚内在力量后，则可尝试探索更复杂的情境。

请慢慢进入当时引发情绪的情景，观察并写下情绪的名称。接着，继续观察这个情绪给你带来的身体感受，请写下这些感受的名称。探索这些情绪和感受背后有哪些未被满足的需求，可能每一种情绪和感受代表了不同的需求，也可能指向同一个或同一类需求。

观察写下的需求，它们可能是表象需求，可以进一步挖掘，找到深层需求，例如表象需求是想让丈夫把碗洗了，深层需求是被丈夫理解和支持；再例如，表象需求是想约朋友看电影，深层需求是亲密和陪伴。

回到引发情绪的场景中，写下针对这个事件，你的深层需求是什么。

此刻，请你写下一个请求，恳请对方满足你的需求。请注意，这是一个"请求"，并非责备；针对的是那个情境和事件本身，不是任何联想、延伸或假设；你表达的是一个具体的建议，是邀请对方去行动，而不是命令。

接下来，我们尝试模拟慈悯沟通。对于初次练习者，我们先来写一个脚本，接着照着自己的草稿朗读即可，然后找朋友来做一个模拟沟通，收集反馈，打磨脚本，调整表述方式，等你准备好时，就可以实战了。

> **练习：慈悯沟通脚本**
>
> 当 _____（事件）的时候，我感到 _____（情绪或感受），我觉察到自己 _____（未被满足的需求，既可以是表象需求，也可以是深层需求），请问你能否 _____（请求）？

当我们描述事件时，要确保它是围绕当前事件发生的基本事实，陈述时间、地点、人物、事件以及具体细节，例如："昨天晚上我让你帮我拿眼镜，说了三遍你才有回应。你把眼镜重重摔在我面前，吓了我一跳。"

事实不是我们的假设或联想，例如"你没有那么爱我了"就是假设。

就事论事，不翻旧账，提长时间未解决的问题可能会激发矛盾，引发对方的防御反应。例如"从去年开始我就感到你的冷淡了"就是翻旧账。

因为共通人性，所有人对基本情绪的体验是相通的。当我们表达情绪或感受时，自然会引起对方的共情。但这些情绪感受是关于自己的，而不是对别人的指责与评判，例如"当你不理会我时，我很生气，也很无助""当你把眼镜重重放在我面前时，我既惊讶又害怕，还很困惑，我不知道到底发生了什么"。生气、无助、害怕、困惑，都是人类共通的情感体验。当我们准确描述自己的感受时，也是在邀请对方身临其境地体会我们曾经历的情感世界；然而，"凭什么你受了气就要拿我当出气筒？你怎么这么自私？"这个表达里既有假设，也有评判，却没有自己的感受。

需求的阶梯

跟情绪与感受一样，人类的基本需求也是相通的，尤其是对于表象需求背后的深层需求，所有人都会产生共鸣。著名的马斯洛的需求层次理论将人类的需求分为五个不同的层次，依次是：

1. **生理需求**：包括食物、水、睡眠、呼吸等必需的因素。

2. **安全需求**：当生理需求得到满足后，人们就会寻求安全和稳定。这包括个人安全、健康保障、财产安全等。

3. **社交需求**：包括友谊、亲情和爱情等。这一层次涉及人际关系和归属感，是人们希望被他人接纳和爱的需求。

4. **尊重需求**：包括自尊、自信、成就感以及他人的尊重和认可。这个层次的需求与人们的内在价值感和外在社会地位有关。

5. **自我实现需求**：这是需求层次的最高级别，指的是实现个人潜能和寻求个人成长的需求。自我实现涉及创造力、问题解决、接受事实、缺陷和经验等。

根据马斯洛的理论，较低层次的需求通常需要先得到满足，人们才会寻求更高层次的需求。有一次，我陪伴一对伴侣做这个练习，妻子对丈夫提出的表层需求是："当我跟你说话的时候，你能否给我及时的回应？"她的深层需求可能是尊重需求，对方的及时回应代表对自己的尊重；也可能是社交需求，她需要通过对方给予及时回应来确认自己在这段亲密关系中是被接纳和爱的；还有一种可能，她表层需求之下隐藏着的是安全需求。我了解到：她身体不好，常年没有工作，家中经济来源主要是先生的工资，所以当先生没有及时回应她时，她最先感到的是安全感的丧失，如果失去这段关系，她的生存将会面临挑战。

当然，这几种需求可能同时存在，判断哪些需求是主导需求，我们可以从情绪中寻找更多信息：不被尊重带来的感受通常有愤怒；如果感到不被接纳和爱，会产生羞耻和失落；而安全感受到威胁时，很可能会伴有恐惧。无论如何，在探索自己的需求时，我们首先要敢于面对脆弱感，对自己足够诚实，知道最重要的需求是什么；在沟通需求时，拥抱脆弱感带来的力量，真诚永远是优选的方式。在上述案例里，我们一起梳理了妻子情绪背后的需求，她觉察到自己隐蔽的困境是对安全感的需求。于是，在跟先生促膝长谈后，先生决定支持她重返职场，找一份让她觉得自己在创造价值又不会很累的工作。

在慈悯沟通中，我的书写示范如下。

事件：周末朋友来杭州，Joey 让我挑个喜欢的餐厅。我查了餐厅推荐，在同一家商场挑了三个餐厅 A、B、C，不过发现 A 需要排队等位，我想要去看看 B 或 C 时，朋友到了。Joey 直接走进了最近的餐厅 D，并自主决定就在这里吃。D 是整个商场里我最不愿意去的餐厅。

情绪：生气、郁闷。

身体感受：胸口、嗓子被堵住，内心想"你不是让我决定吗？"却碍于朋友在场，不能爆发。

表象需求：希望能自己选餐厅，享受喜欢的美食。

深层需求：尊重需求，生理需求。

沟通脚本：我先是卡在这里了，出于本能反应想责备Joey："你不是让我挑餐厅吗？怎么又自己做了决定？"好在觉察来了，我深深吸了一口气，在呼吸创造的心灵空间里停顿了一会儿，跳过了情绪引发的本能反应，因为责备容易开启对方的防御系统，不能解决问题。于是，我重新写下请求："咱们本来说好由我来选择餐厅的，请问你能不能让我选择喜欢的餐厅呢？"我又读了一遍，觉得前半句还是带着指责的语气，就直接删去，把请求变成了："请问你能不能让我选择喜欢的餐厅呢？"

连贯起来就是：当你让我选择餐厅却没跟我商量自己决定时，我感到生气和郁闷，我的需求是自己选餐厅、吃喜欢吃的，以及被尊重和重视，请问你能不能让我选择喜欢的餐厅呢？

当我把这个需求跟Joey表达时，他不仅立马承认了当时的疏忽，还表示以后餐厅都让我选，并且提到：如果以后他忘记了，并不代表他不尊重我，我随时可以提出来，他会无条件接受调换。我对这个结果很满意，尤其是当他能放下自己的生理需求无条件接受我选的餐厅时。

接着，我又观察了自己的反应是正常反应，还是有所夸大，如果是一触即发，程度过大或者时长过久，那就有可能是扳机反应。这让我想起曾经一段关系里，我的日常选择权，例如去哪里吃饭、看什么电影、去哪里旅行等，几乎全部被当时的男朋友忽视，甚至被临时改动，所以我的反应有点激烈，可能是基于未被疗愈的创伤记忆。原来当时 Joey 选餐厅仅仅是扣动了扳机而已。那天，我把曾经的关系中没有被看见、被接纳、被公平温柔对待的事件和情绪感受，通过自由书写的方式统统罗列出来，然后把一只手放在胸口，另一只手放在小腹，对自己说："Pearl，此刻你回想当初可能很难过，也许当时的你并没有觉察自己被不公平对待了，也没有机会表达你的需求，当时囤积在心中的委屈、失望、难过，可能全都浮现了，这让你感觉更加糟糕。这就是回燃，是一件好事，那些没有说的话，没有表达过的哀伤，没有机会发泄的气愤，都有机会找到出口。你可以做任何能够给你带来抚慰的事，不管是痛苦、抱怨或者给那个人写信……我都全力支持你。我会一直在这里，哪儿都不去，直到你慢慢好起来……你是值得被爱的，冥冥之中有无数支持关爱你的人，不管你知不知道，他们都在默默地祝福着你。"就这样，我释放了自己的委屈、压抑、愤怒和悲伤，也放下了对往事的耿耿于怀。

我发现从前很多情绪都被压抑了，很多需求未被满足，更没有跟对方坦诚沟通，其中一个很大的原因是我对冲突的恐惧：我怕我表达情绪和请求之后，对方难以接住，会以缺乏技巧的方式表现。但是，自我关怀的练习减轻了这种想法的困扰，首先这只是我的想法和假设，它跟事实有距离；其次，没有比慈悯沟通更安全的方式了，它在沟通事实的基础上能兼顾自己和他人的情绪感受，并且公平、友善、温和、不评判，它是一种安全的促进关系的方法；最后，我需要知道所有人都是圆满的，可以为自己的情绪负责，也具备处理问题的能力和智慧，这是平等心。我只须对自己的情绪负责，有技巧地表达需求。

就这样，我任凭自己流了一会儿泪。心口松了很多，讨伐信是不必写了的，那部分受伤的自己释怀了一些。

进阶练习：与内在小孩连接 🔊

回忆在你的成长过程中，有哪些深层需求未被满足？

请找到一个安静、舒适的地方坐下或躺下。轻轻闭上眼睛，深深吸一口气，然后缓缓呼出。找到自己最自然的呼吸节奏，随着每一次呼吸，感受身体逐渐放松，心灵逐渐平静。现在，想象你的身体变得越来越轻，像羽毛一样飘浮起来。随着这种轻盈感，你缓慢地进入一个更加深层的放松状态。

你发现自己走在一条安静的鹅卵石小路上。这是一条安全、温暖的道路，两旁开满了你喜欢的花朵，阳光温暖地洒在你的肩膀上。当你沿着这条小路慢慢前行时，你会看到越来越多熟悉的景物，成长过程的片段慢慢浮现在脑海中。你的脚步越来越缓慢，越来越轻松，你意识到，这条路正在引导你进入童年。最终，你来到了一片开阔的草地。在这里，你看到了一个孩子，TA 就是你的"内在小孩"，有着你童年的情感和记忆。TA 就在那里，等待与你相遇。你轻轻地走近 TA，在 TA 的身边坐下。你开始注意 TA 的面部表情，是快乐还是忧伤。请观察TA的情绪感受，是平静、好奇，还是忧郁或害怕。请让自己沉浸在这个时刻，感受你的内在小孩，更深刻地跟TA连接，你知道你可以全然地接纳TA。

现在请轻声问TA："你现在感觉如何？"聆听TA的感受。

接着问TA并深入专注地聆听："此刻，你想要什么？""你需要谁为你做什么？"

请让自己的内心开放，准备好接收任何回应，无论是言语还是情感。

随着对话的深入，你开始更多地探索和理解内在小孩的需要，再尝试追问："你还需要什么？"只是静静地倾听，给予TA无条件的接纳和陪伴。也许TA需要的只是被看见，被听见，以及你友善的、不评判的陪伴。

想象你可以给内在小孩所需要的一切，并以温柔的方式回应了TA，也许是一个拥抱，一句鼓励的话，或是你全然地投入和充满慈爱的目光，感受此刻的你们如何沉浸在爱与和平之中。

当你准备结束这次冥想时，感谢内在小孩给你的信任、陪伴和洞见。这个小孩永远是你的一部分，你也可以随时回到这里，与TA深深联结。现在，请带着这种温暖和爱回到你的身体。感受你的呼吸，感受你坐或躺的地方。当你准备好时，缓缓地睁开眼睛，回到现实世界。

请在心灵日记上写下内在小孩的需求。你会开始理解，内在小孩的情绪、感受和需求是如何影响着你现在的生活，这些感受和需求可能是你成长过程中忽略或遗忘的，但现在，它们在你的爱和关注下得到了显现。请记录这次探索对你的启发。

Week8　三个重要命题

在前七节课中，我们学习了自我关怀的重要概念和基本练习方法。在这节课里，我们会着重讨论三个容易被误解却又非常重要的命题。首先，我们将揭示照顾者身上常见的"怜悯疲劳"问题，并探讨如何使用自我关怀及平等心技巧来激发跟积极情绪相关的"怜悯关怀"。接着，我们会深入探索情绪触发点（trigger），练习使用自我关怀来觉察和降低容易引爆情绪的扳机反应。最后，我们发掘出自我关怀勇猛的一面，在应对激烈的挑战时，帮助我们澄清界限，保护自己，采取行动，达成目标。

照顾者的自我关怀

怜悯疲劳与怜悯关怀

慈悯有没有风险呢？当然是有的，这就是学界提到的"怜悯疲劳"，是指自己因为共情别人而感受到极度的痛苦，或者因别人的痛苦启动了自己的扳机反应（见"扳机反应"部分）。这时候，疲劳者的心灵开始封闭，导致与他人的割裂，丧失联结，同时可能产生跟自己相关的情绪、健康、关系和倦怠等问题，还可能激发自己的创伤反应，例如战斗、逃跑、僵住、讨好等。这些反应的源头很可能是我们自己的伤痛，以及我们的习惯性自我保护机制。怜悯疲劳最明显的标志是无法分清到底是自己的痛苦还是别人的痛苦，并且感到被吞噬的无力感，深陷其中无法自拔。

但升起共情可能引发另外一个截然不同的结果，那就是"怜悯关怀"。它是以温柔、关切、敞开、温暖为标志的；它不会让共情者感到压力，注意力变得狭窄，反而可以持续敞开心扉，引发其他积极情感，例如爱、完整、与自己内在和与他人的联结。对于他人的遭遇，他们会敏锐地觉察并给予关注，想要与其同在，且愿意给予协助，使其经受的痛苦减少。

怜悯疲劳与怜悯关怀的区别可以理解为：海上行舟时，突然见到前方有人落水了，"天呐！太糟糕了！"怜悯疲劳的人一边喊一边跳进湖里，但他并不会游泳；而怜悯关怀的人把救生圈扔下去，说："来，抓住这个！"前者自己落了水，更无法帮助受难的人了；后者保持清醒和理智，反而可以施以援手。

照顾者及其风险

通常情况下，照顾者群体非常容易出现怜悯疲劳的症状。照顾者的定义十分宽广，既包括因工作自然成为照顾者的群体，例如一线的医务工作人员、救援人员、社会工作者、老师、公益机构员工和志愿者等，还包括因家庭角色成为照顾者的人，例如父母养育子女，子女照顾父母，其他家庭成员之间的照料，甚至包括照顾宠物。怜悯疲劳也可能出现在朋友交往和职场环境中，如果一方将另外一方当成自己需要照顾的对象，但过度代入照顾者的角色，忽略了对方是独立的个体，有 TA 自己需要面临的挑战和修习的功课，并能从中生长出自己的智慧、勇气和力量。其实我们每个人在人生的某个阶段都会成为照顾者。

处于怜悯疲劳状态下的照顾者，很可能会出现继发性创伤反应，有以下表现形式：

1. 做事容易分心，魂不守舍。

2. 注意力变狭窄，容易发怒。

3. 思虑过度，不易入睡。

4. 情绪抑郁，回避社交。

5. 侵入性思维活跃，在大脑中编织剧情。

怜悯疲劳常常发生在社会企业和公益机构中，因为这些机构的创始人和团队领袖之所以投身于向善的事业，常常跟自己的成长经历相关。在做自我关怀课程研发时，我接触过一些公益机构创始人，有人出生在重男轻女的家庭，小时候因为自己是女孩而没有受到家庭的重视，长大后就会成立女性联盟，呼吁性别平等；有人家中有自闭症的弟弟，所以一直关注自闭症这个群体的需求，建立谱系人群的职业服务机构。正因他们对服务人群有特殊的关注和情感，对自己的使命执着而笃定，所以在服务的过程中，可能触发对自己经历的回忆，如果曾经的创伤不曾被处理和疗愈，加上工作压力大，注意力高度集中，常常忽略身心健康提示信号，更容易产生怜悯疲劳，引起继发性创伤。

还有一个常发生怜悯疲劳的场景是医院，很多医护工作者面对快节奏高压力的工作和病患的巨大痛苦，不得不让自己变得"麻木"，因为看似只有刻意隔绝，维持好边界，才能保护好自己的心，不至于情绪上受影响。韩剧《精神病房里也会迎来清晨》中就有这一幕：原先在内科工作的护士郑多恩被调至精神病房，同事抱怨她影响了整个科室的效率，因为她对病人的照顾总是更加细致，必然要慢半拍——病人输液喊针口部位疼，几位查房的护士都说这是正常的，只有郑多恩再三询问，判断是病人的血管过细，于是为她更换了更为匹配的儿童针头，疼痛立马减轻了。但是，精神病房的护士长却很珍惜郑多恩，并对长期工作在第一线的护士主管说："你还记得吗？你刚来时就是这样真正关心病人的。"言外之意是在病房久了，很多护士已经开始出现怜悯疲劳的症状，将心灵封闭起来，虽然能够保护自己情绪不受影响，但是也丧失了与病人的联结，于是很难体会病人的痛苦，更无法洞察到他们的需求。

从脑神经科学的角度来看，我们无法只关闭诸如紧张、焦虑、恐惧等负向情绪，而允许愉悦、慈悯和爱的流淌，因为大脑中处理这些情感的神经网络是高度交织的，它们共同参与和调控我们的情感体验，确保我们的情感是丰富而多维的。封闭其中一个通道，也就封闭了所有通道。当我们让心灵变得麻木，以此避免痛苦和伤害，我们也同时拒绝了爱。

如何唤醒怜悯关怀

然而同样有来自照顾的压力,为什么有人会疲劳,另外一些人却不会呢?神经科学家塔尼娅·辛格(Tania Singer)的研究表明,怜悯关怀是慈悯的体现,慈悯是一种积极情绪。当人们的慈悯心升起时,大脑中显示积极情绪的区域被点亮;而如果过度代入别人的剧情,或者因别人的剧情引发自己的创伤,并陷入想法和情绪反刍中,可能会难以区分哪些是别人的,哪些是自己的,从而引发悲伤、恐惧、焦灼、抑郁等负向情绪。慈悯升起时,我们的人称代词不会发生变化,我们能清楚地分辨什么是我的,什么是别人的,但这并不会阻止我们付出行动,甚至可以为我们赋能,让我们变得更加智慧和勇敢。波士顿马拉松爆炸案发生时,有很多参赛选手在听见爆炸声后,反而选择奔向而非逃离险境丛生的事发现场。后来当记者问他们为什么成为硝烟中的逆行者时,他们说"当时并没有多想""一心要去救人""至少可以帮上忙"。这些人在日常生活中甚至不觉得自己是胆大的人,而因慈悯心升起带来的勇气和能量,让他们成了英雄。

如何从怜悯疲劳到怜悯关怀呢?第一种方法是通过正念觉察。

当自己出现因怜悯疲劳带来的继发性创伤反应时,可以提醒自己在当下觉察一会儿:自己有什么情绪产生,随之而来的是怎样的身体感受?只要静静地观察这些情绪和感受就好,不需要把它们推开,不带任何抗拒的看见就能唤醒接纳的特质。接着,可以做让自己舒服的自我关怀练习:给自己需要的安抚,说自己想听的话,可以抱抱自己,或者轻抚胸口做几次深呼吸,还可以做慈心冥想,把慈悯和爱给予自己和需要的人，包括自己照顾的对象。总之，既要照顾好自己的身体，也要照顾好自己的情绪。

如果出现非常强烈的情绪，可以用之前提到的逃离情绪暴风雨的方法，确保先到安全地带。

第二种方法是用语言给自己暗示。例如你可以在心中默默地对照顾的对象说："我愿意陪伴你度过这个困难时期，也会倾尽全力给予你支持和祝福。我愿意陪伴你，但是我无法代替你。我愿意支持你，但可能并没有扭转乾坤的超能力。这是你需要去面对的挑战，我相信你会生长出自己的智慧、勇气和力量来。"这个方法的关键是平等心，你必须相信所有人（包括你所照顾的对象）无一例外是本自具足的：大家都有需要面对的修炼，也有做好这项修炼的工具和武器，以及在修炼中成长的机会。你需要把这个机会交还给你的照顾对象，给他们信任和空间去发展属于自己的能力、智慧和力量。这种态度的根基正是正念练习所秉持的平等心。

练习：给照顾者的冥想练习

找个一个舒适的姿势，坐着、躺着都可以，通过几轮深呼吸让自己平静下来。你可以把手放在胸口，随时提醒自己，你需要一些自我关怀和抚慰，你可以给自己滋养和力量。

尝试让自己的身体放松，让自己的情绪平静，呼吸可以带给我们这种放松和平静。

尝试感受你手掌的温度，感受这个动作给自己带来的柔软，以及你胸前缓慢升起的温暖。

此刻，请想象一位你照顾的生命，TA可以是你的亲人或宠物（初次练习，请不要把自己的孩子作为此次练习的对象），在脑海中想象TA的形象，想象TA平静舒适的样子，也被柔软和温暖包围。

看着TA的形象，请在心里默诵："每个人都在进行TA自己的生命旅程，我不是TA苦难发生的原因，也不具有让苦难消失的魔法，即便我希望自己能够解除这种痛苦。生命旅程中这样的时刻，的确令人难以承受，我会尽力而为。"

轻轻吸气，吸入你所需要的一切，包括滋养你给你力量的氧气和养料，呼出对方需要的支持和养分，想象TA正在吸收你创造的神奇能量。

吸气，充盈你自己；呼气，滋养你爱的人。吸气，给自己；呼气，给别人。

几轮呼吸后，请回到自然舒适的呼吸节奏，感受你的身体在这种韵律中放松，就像婴儿在母亲的襁褓里。你被自己的呼吸轻柔摇摆，你心爱的人也在你的照顾中，沉浸、宁静、放松、自在，被呼吸的韵律所安抚，心满意足。

> 看着你心爱的TA，再次轻轻说："每个人都在完成TA自己的生命旅程，我不是TA苦难发生的原因，也不具有让苦难消失的魔法，即便我希望自己能够解除这种痛苦。生命旅程中这样的时刻，的确令人难以承受，我会尽力而为。"
>
> 你的心灵越来越柔软，越来越温暖，积聚在你胸前的是一道光，它会慢慢扩散，直至笼罩着你爱的人，你们都在光下被爱充满。

情绪触发点（Trigger）与扳机反应

情绪触发点的特点

怜悯疲劳的发生，还可能是因为看到别人的遭遇，从而激发了自己的身体和情绪反应。著名心理治疗师大卫·里乔（David Richo）在著作中提道："情绪触发点是导致迅速我们反应的某个词语、某个人、某个事件或某种经历。""Trigger"一词的本意是"枪的扳机"，很形象地描述了这类反应具有犹如"扣动扳机"般的特点：

1. 一触即发：情绪触发点会迅速掌控我们的注意力并引发反应。

2. 反应过度：反应比正常人在同种情况下反应的程度更深。

3. 萦绕不散：反应比正常人在同种情况下反应的时间更久。

所以，这类因某个情绪触发点激发的反应在心理学中也称为"扳机反应"。当我们衡量自己是否被触发了，可以观察我们的反应是否具有上述特征。

当我们被触发时，大脑会发生跟"杏仁核劫持"类似的情形，让我们误以为面对极端威胁，于是无法对事态进行正常清醒的评估，而会做出较为夸张的反应。此时，我们的身体甚至在大脑完全理解情况之前就已经做出反应。通常我们从四个维度去观察情绪触发点对我们的影响，分别是：身体感受，情绪反应，大脑活动，神经系统。

1. 身体感受。通常情况下我们的身体反应会最先被感知，强烈的身体感受可以提示我们被触发了，例如呼吸变浅、心跳加速、胸部和嗓子眼变紧、拳头紧握、手臂发热、胃部不适等。

2. 情绪反应。强烈的情绪反应包括过度悲伤、愤怒、挫败、焦虑、恐惧等。

3. 大脑活动。大脑编制的剧情通常有两类：一类是对自己的评判，一类是对他人的不满。

4. 神经系统。我们经常说的4F（战斗、逃跑、僵住、讨好）都是神经系统的反应，是我们遇到威胁时自动防御体系启动的结果。

练习：扳机反应与内在小孩

请找到一个近期被触发的事件，在心灵日记上做以下书写练习：

1. 回想被触发的一次经历：写下发生的时间、地点、人物、经历，可以具体到某个人、某句话、某个表情或场景。

2. 请依次探索并描述四个维度（身体感受、情绪反应、大脑活动和神经系统）在自己身上的呈现。

3. 接着观察反应背后是否有未被满足的需求。

4. 尝试跟一个年轻版本的自己连接，TA是你成长过程中某个时刻的自己，也许是童年的你，青春期的你，或是几年前或十几年前的你，我们暂且叫TA"内在小孩"。请尝试跟TA连接一下：那时的TA是否也有相同或相似的体验？请在这里停一会儿，尝试去看见和接纳TA。你是不是还想对TA说些什么呢？如果有的话，请写下来。

5. 最后，请回顾一下触发情绪的场景，请尝试与那些人连接，看看他们处于怎样的状况？他们是不是也有自己的痛苦、面临的挑战和未解的难题？对于触发你的这件事，他们是否也存在自己的局限性和无奈？看看此刻的你是否有新的觉察和体会。

疗愈大师拉姆·达斯（Ram Dass）说过一句话："If you think you are enlightened, go spend a week with your family."（如果你认为自己开悟了，那么尝试跟你的原生家庭共度一周）即使在精神探索和自我认知方面取得了重大进步，家庭成员依然能触发我们深层的情绪反应，并给予我们内在成长更多空间。对于很多人来说，父母是最容易惹毛我们的人，却也是我们内在探索的珍贵途径。在进行跟原生家庭相关的疗愈时，请一定照顾好我们的身心，随时返回"自我关怀资源库"和"情绪暴风雨"的章节来支持自己，有必要时请寻求专业帮助。

自我关怀的两种力量

自我关怀有温柔（tender）和勇猛（fierce）两种力量。通过温柔的自我关怀，我们在疼痛的时候能够安抚滋养自己；通过勇猛的自我关怀，我们能够澄清边界，保护自己不受伤害，确保自己的需求得到满足，并争取自主权，为目标采取行动。在之前的章节里，通过慈悯沟通表达自己的需求，通过澄清价值做出选择和行动，都需要勇气。

温柔的自我关怀

提到温柔的自我关怀，我们能联想到妈妈是如何照顾新生儿的。焦糖还不到一岁的时候，有一次大哭不止，各种方法用尽还是止不住哭泣，原来是屁股上长了一个脓包。我们一路抱着她开车去医院，不管她怎样哭闹，我都轻轻抚摸着她，时不时亲吻她的额头，温柔地给她唱歌，直到她在我用臂弯搭建的摇篮里睡着。还没有到医院，她又疼醒了，还有点晕车，没有坐直就呕吐起来，早上喝的牛奶一股脑儿倾泻出来，弄脏了我俩的衣服。我一边安抚她，一边帮她宽衣解带，清理呕吐物，爸爸去停车。我抱她出来透透气。深秋的早晨清冷清冷的，我用自己的围巾和外套把她裹好，抱着她朝医院方向走。一路上她紧紧地搂着我的脖子，小脸蛋贴住我的脸颊，在我耳畔轻声呼吸，那是我听过的最轻柔动人的节奏。这种亲密无间也给了我抚慰和力量，我在冷风里走了二十多分钟，额头上微微渗出几滴汗。终于，我们在医院对面的童装店找到一套干净的衣服给她换上，让她恢复干爽、舒适、温暖。在宝宝遇到困难和疼痛时，妈妈无条件的爱、接纳和安抚，自然启动了安抚满足系统，给了宝宝迫切需要的支持，以此缓解宝宝的痛苦。

这就是自我关怀中滋养抚慰的部分，试想我们把这种无条件的关怀和接纳给予自己：我们不需要做什么，不需要成为任何人或做成什么事，我们只需要温和友善地跟自己在一起，跟眼前的遭遇或疼痛在一起。在这个过程中，你可能会发现，当我们诚实、坦然地面对疼痛时，我们感受到的不仅仅是疼痛了，心灵的特质会被唤醒。例如看到自己所受的苦难从而生发对自己的慈悯，这时你会发现痛苦并不能代表你，你的心灵空间足够大，可以容纳更多的爱、宽容、体谅和接纳，甚至快乐——痛苦的反面是"不痛苦"，痛苦是可以跟快乐并存的，所以才有痛并快乐着。这一刻的生命被赋予了意义，无论它有多痛苦或艰难。

此刻，当自我关怀履行抚慰与滋养的职责时，自我关怀三要素就有了更具体的内涵：正念觉察代表对当下的接纳，对各种情绪的看见；共通人性代表智慧，领悟到作为人类社会一员的我们有着共同的情感体验；善待自己是给自己无条件的支持和爱，去启动安抚满足系统。

勇猛的自我关怀

自我关怀的另一部分是强悍的，它是关于保护、满足和激励的。它让我们开始行动，去改变生活中不让人满意的部分，去维护边界、伸张正义。一个温柔的妈妈，在感知到自己的孩子处于危险的那一刻，她会变成一头凶猛的狮子，来保护自己的幼崽。有一次，焦糖的爷爷和我都在焦糖房间陪她玩，时间不早了，但她正在兴头上，当我第三次提醒她该睡觉时，她小嘴巴一咧，开始哭闹。爷爷马上说："不许哭，哭代表软弱……"不知道哪股力量席卷了我，还没等爷爷说完，我就说："爷爷说得不对，焦糖你可以哭，你是在表达你的不满和委屈对吗？"焦糖被我俩弄懵了，一下子就不哭了。我这才感到自己冒犯了爷爷，毕竟我是晚辈，直接反对爷爷的教诲怎么说都是我不对。然而，我通常是家里那个共情种子，说话做事都会考虑对方的感受，可在焦糖被爷爷制止不许哭的那一刻，妈妈的护崽本能自动跳出来：我想让焦糖知道，哭不是错，也不代表软弱，我希望她在表达情绪的时候能被看见和允许。事后，我跟爷爷表达了歉意，并把我的养育理念跟他做了交流。后来，我才了解原来爱的荷尔蒙——催产素，不仅仅只是温柔爱抚，还让我们拥有像火山爆发般的势能，让我们在危险时刻保护我们的孩子。心理学家称其为 tend and defend response（照顾防御反应）。当勇猛自我关怀用于保护时，三元素的具体内涵清晰、赋能和勇气：

正念觉察带给我们清晰。共通人性为我们赋能。善待自己需要勇气去实现。

当我们被不公平对待而反击时会觉得脆弱、害怕，但是如果我们从属的群体同样受到不公正对待时，我会感到这种不公是如此巨大，去捍卫权利的行为是怎样一种浩然正气，它同时给了我力量和勇气。

在很多时候，我们需要温柔和勇猛两种力量，当它们携手同行时，几乎可以帮我们解决生命中所有问题。

例如身为拖延重症患者的我，因为完美主义驱使，每当做一个不熟悉的项目，我会在前期做大量准备和研究，但也常陷入一种因过度分析或重视造成的无法行动。任何推进的行为都需要面对压力，于是我就开始逃避、拖延。我会把所有无足轻重的小事都做一遍，包括打扫卫生、叠衣服、整理焦糖的玩具，甚至把曾经漏掉的群消息浏览一遍，回复每一条信息……可是拖延本身是占据大脑内存的，越拖延越内耗，除了项目期限临近带来的焦虑，还有对自己的鄙视与苛责，对无法完成预期目标的恐惧，以及因恐惧导致的更多拖延。

有一次，我因为连着几天都没有实际产出而闷闷不乐，走在回家的路上，突遇滂沱的大雨，走到楼下已经被淋成了落汤鸡，女儿房间的灯熄灭了，又是既没有陪伴女儿又没有实际产出的一天。灯灭的一刻成为了压死骆驼的最后一根稻草，我在大雨里痛哭起来。我觉得自己糟糕透了，价值感很低，对自己的失望，对自己能力的怀疑，对现实的无力，像是一颗颗呼啸而来的子弹，击中我心灵最脆弱的部位。哭着哭着，我突然想起自己不就是个自我关怀教练吗？我应该如何给自己自我关怀呢？想到此处，我的表情一定很奇怪，又想哭又想笑，我对自己说："唉，这一刻糟透了不是吗？"接着我又对自己说："想必很多作家和教练都经历过抓耳挠腮写不出东西，又自我怀疑到抱头痛哭的一刻吧，所以，我不是一个人。"我的眼泪又刷刷流下来，雨如注般地冲刷着我的面颊，流进嘴里，也分不清哪是泪，哪是雨。我就这样安静地陪着自己，允许自己尽情释放压抑的情绪。回到家后，我泡了一个热水澡，用被温水润湿的羊奶皂在每一寸肌肤上滑动，那是我新发现的可以给自己带来安抚的方法，以前我会把这种很消耗时间和资源的触觉盛宴作为"奖励"，但是那个晚上，我坚信自己的心灵太疲惫了，我要给它最好的款待。洗完澡后，我焕然一新了。当身体和能量恢复后，我突然想到我喜欢的作家遇到相同的情况会怎么做：他们也会有恐惧，但他们依然会书写。我只需要勇猛地面对行动初期的不适感，接纳自己的不完美。行动和接纳就是我唯一要做的，而能够带我突破的就是勇猛自我关怀的力量。从此以后，温柔和勇猛的自我关怀携手同行，在受到打击时，我会对自己说："没关系没关系，越疼痛的地方成长越大。"又想拖延的时候，我会在心中唤醒勇猛的自我关怀力量，默念："1——2——3，开始！"马上进入打字状态，不管在键盘上敲出来的是什么，因为我总会有修改的机会。我只需要破除拖延的魔咒。如果写得太糟糕连自己都不能忍受，温柔自我关怀又会冒出来，说："我会陪着你阅读、修改、自嘲。"它们像两个好朋友，支撑我写完这本书。

克里斯汀·内夫博士在《勇猛的自我关怀》(Fierce Self-Compassion)一书中提到了促使自己写这本新书的真实原因：自己曾经信任并称为好朋友的人，在相当长一段时间，对多名一起共事的女性（包括未成年人）进行性骚扰和性侵犯。内夫博士提到，她认识乔治，是因为乔治创立的为自闭症儿童提供服务的公益组织。乔治是当地公益圈的知名人士，他对边缘儿童教育创新备受瞩目，在业界很受尊敬，他也支持过很多年轻志愿者的成长。乔治有一位比他小了将近二十岁的妻子伊琳，他们还有两个女儿。内夫博士在乔治的机构开展过自我关怀工作坊，为机构做推广、劝募，自己也是捐赠人，她还给机构介绍过不少志愿者，包括内夫博士朋友的女儿凯西。凯西曾经帮助照看内夫博士患有自闭症的儿子罗文，她是一个阳光般积极、温暖、热情、有趣的女孩。刚到乔治的机构做志愿者时，她还是未成年人。虽然乔治在专业方面的口碑是超凡的，但跟他一起工作过的人包括内夫博士都觉得他对待女性的方式并不让人很舒服。他很好色，会以肩颈不舒服为由，让女性同事给他揉肩捶背。可是，到最后所有人还是觉得这就是乔治——一个风流倜傥，但对孩子们有卓越贡献的人——并且愿意相信他没有做出越界的事情。内夫博士有时也会因为乔治和凯西的互动而心生忧虑。内夫博士主动询问过凯西，乔治是否对她有不妥当的行为，几次都得到了否定的答案。凯西说，乔治的年龄是自己的三倍，他就像父亲一样给自己很多支持和培养。毕业后，凯西留在了乔治的机构，并成了他的徒弟，学习自闭症儿童的疗愈方法。有时，他们俩会单独在一起几个小时，凯西眼中的光芒逐渐不见了。

有一次在乔治的生日会上，他喝醉了，跟一位女性跳舞时贴得太近了，以至于所有人都感到不适。次日，内夫博士和凯西又聊起前晚乔治的不当行为，内夫博士又问凯西，乔治是否对她行为不端。这次，凯西全盘托出：有，并且从自己还是一个未成年人时就开始了；他一开始只是跟她讨论性话题，她感到不舒服但也觉得被重视，因为他跟自己讨论成年的话题；接着，他对凯西动手动脚，并在凯西十八岁当天，跟她发生了性行为。凯西在单亲家庭长大，从来没有过父爱的温暖，她说不喜欢乔治对自己这样做，但又不想失去一位如同父亲般对她关注且爱护的人。她以为乔治真的在意她，但是事实并不是她想的那样。凯西觉得自己做了很糟糕的事，因此很羞耻也很内疚，还认为自己被利用了。虽然向内夫博士袒露心扉，但凯西依然抗拒揭发乔治，她怕把事情搞大，也担心会对机构的声誉造成影响，还会伤害他的家庭。这个时候，内夫博士对凯西进行了温柔自我关怀的疏导，给予她无条件的支持和陪伴，并告诉她：她还是个女孩，想要的不过是一种童年未得到过的父爱。

被深深地理解和接纳，让凯西逐渐意识到：因为悬殊的地位，凯西作为乔治的雇员和学生，她被乔治牢牢控制和操纵，她的行为是可以被理解的，而乔治则千错万错。凯西的愤怒被点燃，她眼中的光又回来了。她跟内夫博士一起对在机构工作的女性进行了访谈，发现有很多人都被乔治侵犯过，还有一些不服从他的女性被他以各种原因开除。那些离开机构的女性在了解真正发生什么之后，也都后悔当初自己对乔治的行径保持沉默，如果能及时揭发，就可能避免更多女性被伤害，而她们中的大多数都曾天真地认为只有自己是被害者。后来，凯西看到很多女性都受到过伤害，还有更多女性蒙在鼓里，她感到这远远不再是她一个人的遭遇，这关系到更多女性的命运。她因自己所在女性群体的共同疼痛而觉醒，将自己和乔治之间发生的一点一滴都写下来，并决定告诉乔治的妻子伊琳，并向她诚挚地道歉。然而，凯西和内夫博士的正义之道并不顺利，她们遇到层层阻力，从凯西的妈妈到伊琳，前者怕女儿名誉丧尽，只想息事宁人，后者完全在否认和逃避，并且跟乔治一起攻击凯西和内夫博士，颠倒是非，造谣诽谤。

还好有温柔和勇猛的自我关怀两股力量的支持，凯西和内夫博士给予自己和彼此无限的接纳和安抚，把乔治对女性的侵犯记录下来。最终这些文字被机构的女性员工知悉，大家唏嘘不已，很多人当下就决定离职，当晚就从机构的员工宿舍里搬离，内夫博士自己家也临时收留了几位女性。最终，乔治迫于压力搬走了，他的妻子没有离开他，也许是因为年幼的孩子，也许她已经习惯了这种隐形的精神虐待；乔治没有向任何人道歉，却一直斥责凯西和内夫博士毁了他的人生。

温柔的自我关怀让我们在任何时候都能将自己托起，就像母爱的光芒不会因为宝宝无理由的哭闹而少一分光热。我们也可以无条件地接纳自己，这让我们能够如实地看见我们的伤痛和困境，不会因为现实太苦无法面对而选择隐藏或逃避，这样会让疗愈的过程更漫长。开始探索这些痛苦时，我们发现这不是一个人的痛，这是属于某个群体的痛，一个时代的痛，或者纵横交错在不同时空的所有人类的痛。鲁米说："你不是大海中的一滴水。你是整个海洋，浓缩在一滴水中。"于是，在我们微薄的躯体里有人类集体的伤痛，却也有整片海洋的力量和整个宇宙的智慧，我们可以勇猛地向前一步，努力用行动减轻痛苦，结束不公。

温柔的自我关怀和勇猛的自我关怀，也是我服务的公益机构尝试教会青春期女孩的必修课。作为导师团队的一员，我深入祖国贫困的乡村，带领女孩去探索青春期身体、情绪、关系和未来的议题。女孩们了解了青春期身体特征和变化，明白了自己有创造生命的能力，体验关系中爱的能量，学习如何爱自己、爱家人、爱生命中重要的朋友，这些都带着温柔的自我关怀的特点。但是有一课是绝不能被忽视的，那就是教会青春期女孩身体边界和学会拒绝。

一路走来，我用了三十多年。青春期的我也不知道该怎么表达愤怒和拒绝，即便心中长出一些坚硬的东西，但表达愤怒和需求依然是我的功课。当女孩们一起大声喊出自己的愤怒和拒绝时，我也被赋能了，我的喉咙像喷涌的泉水把三十多年的愤怒统统释放出来。只要开始练习，就永远不晚。我希望之后的人生路上，这种力量会伴我们前行。

练习：勇猛的自我关怀伙伴 🔊

请找一个舒适的位置，坐下或躺下。轻轻闭上眼睛。深呼吸几次，让自己放松。

想象自己处在一个安全舒适的地方——可以是温暖的壁炉边或宁静的森林中，也可以是虚构的地方，例如飘浮在云端或上升的热气球里……任何你觉得安全舒适的地方。让自己放松并享受这个环境中的平和与安宁。

不久，你将见到一位强大勇猛，慈悯又充满爱的伙伴。

想象这位伙伴是什么样子。可能是你认识的人，一位坚强勇猛的朋友或者是你的祖父母。也可能是你想象出来的跟现实生活完全不同的形象，如一位女战神。这个形象也可能没有具体的形态，也许仅仅是一个发光的存在，请允许TA浮现在你的脑海中。

你可以选择离开你的安全地点和你的勇猛伙伴见面，或者邀请TA来你的安全场域。

想象自己与你的伙伴在一起，允许自己体验与TA同在的感觉，体会TA的勇气、决心，以及如何被爱和保护。

这位伙伴懂得你是谁，理解当前你正在经历什么，鼓励你更加笃定和坚强，为自己设定和维护边界。你的伙伴可能想告诉你某些事情，这正是你现在迫切需要的话语，或你需要决心和勇气，你的伙伴的来访就是为了带给你需要的东西。

TA也可能要给你一个礼物,一些象征着力量的物件,或许你能在手上感知到这个礼物。如果没有礼物也没关系——继续体验这种力量、爱和保护的感觉,这本身就是一种祝福。

花一些时间沉浸在这位勇猛伙伴的能量场中,感受TA的存在,你是否也意识到这位伙伴其实是你自己的一部分。所有的感觉、形象和话语都是从你自己内心深处的温柔和关爱中流淌出来的。请你静静地享受当下与内心深处的慈悯之源连接,TA是爱的源泉,也是勇气的家。

当你心满意足时,请准备允许这位勇猛伙伴在你的脑海中逐渐消散。记住这种关爱与坚定的力量始终与你同在,无论你走到哪里。

这段冥想是内夫博士在慈悯聚焦疗法(CFT)和静观自我关怀(MSC)两个体系的基础上改编的引导式冥想,目标是构建一位"勇猛的自我关怀伙伴"的形象。当你需要自我保护和澄清边界时,就可以呼唤这位充满关爱又坚定勇敢的朋友。

Part 3
HOW
在自我关怀中生活

饮食中的自我关怀

自我接纳，让我真正告别进食障碍症

这一篇是写给所有想改善与食物关系的人。如果你和我一样，曾经受到或正在经历进食障碍或其他上瘾行为的困扰，那么这部分内容也很适合你。本篇涉及的内容包括大脑的上瘾机制，并从自我关怀和正念的角度出发，探索解决方案，为身心健康提供新的可能性。

在本书的开始，我提到自己有进食障碍症，它从初中开始，陪伴了我二十多个春夏秋冬，从北京到纽约，又从洛杉矶到上海。暴食症光临时，我几乎不是我自己，会完全丧失控制力，对食物的渴望犹如洪水猛兽，无法招架，也无力回击。与此同时，我认为自己虚荣、软弱，羞耻感将我淹没。你会如何形容你跟食物的关系？你是否也有过冲动饮食？你可能也会觉得羞耻，不敢跟别人讲，会觉得孤独、无助，觉得这一切都是自己的错，虽然有时你也很委屈。作为一个进食障碍症康复者，我完全理解你，也可以负责任地告诉

你：这不是你的错。

这都是源自大脑的初始设置。一次偶然的机会，食物给了你需要的抚慰，你被治愈了，于是你开始用美食填补内在的需求。周而复始，你跟食物的关系形成了一种惯性模式。这种关系的初衷纯粹是为了保护我们，并且它成功满足了我们的某种需求。不仅仅是食物，所有曾给我们带来暂时慰藉的物质和行为从大脑的工作原理上看，成瘾机制都是一样的：诱因导致行为，行为不断强化成为习惯。要打破习惯，建立新的习惯，不是轻而易举的事情，需要大量刻意练习。在这个过程中，自我关怀是支撑我们坚持下来的燃料。

进食障碍症隐退的那一天，是我真正接纳自己的第一天。那天我又暴食了，但放弃了任何补偿型行为，我接纳自己吃下所有食物。当我允许自己想吃就吃时，暴食的欲望竟然止歇了。反观与食物拧巴的二十年里，我曾极度自律，追求完美。难道这一切仅仅因为我放弃了想要变得更好？自我关怀的学习为我提供了"破案线索"：羞耻感是一种如影随形的隐秘情绪，它会导致进一步的自我毁灭行为，我们身上不被认可的那部分，始终需要自己的独立表达。这就是为什么我最想避免的行为——暴饮暴食，总在我最匮乏、倦怠的时候一次次卷土重来。

原来，哪怕是决心避免的行为，哪怕设立意图时信誓旦旦，但只要内心还有羞耻感存在，就可能阻碍行为改变。像我这样的进食障碍症患者，还有个可爱的昵称，叫作 yo-yo dieter（溜溜球节食者），特指那些通过极端的方法很快瘦下来，但又无法在日常生活中保持，从而出现减重之后体重又迅速反弹的人。

如何避免羞耻感呢？杜克大学的心理学家马克·利瑞（Mark Leary）教授及其同事们做了"甜甜圈和糖果实验"，证明了自我关怀对于终止暴食恶性循环的有效性。被试验者是一群女性，她们被分为控制组和非控制组。研究人员发现，两组实验里，非控制组女性（有自我关怀提示组）更加友善地对待自己，不对吃甜食感到羞耻和苛责，而且比控制组女性糖果吃得更少。这种善意和接纳使大脑分泌催产素——我们熟悉的爱的荷尔蒙，以及内啡肽——让我们感觉美好的神经递质，它们能够持续降低压力水平，提供安抚与支持。这些女性会更加专注于内在的愉悦感和身心健康，并为之做出理性的判断和选择。

下面，我将分享一些自己在改善饮食习惯方面的心得。

用自我关怀的语言跟自己对话

改善跟食物关系的第一步是改变跟自己说话的方式。当对自己的身材不满意时，请留意你在心中对自己说的话，或者当时的情绪，是不是带着很多自我苛责、评判、嫌弃、厌恶。如果你决定改善跟食物的关系，但又输给了想吃的欲望时，你的大脑里盘旋着怎样的想法，你对自己又是什么态度。请将内心的自我苛责转化为自我关怀，可以尝试对自己说出自我关怀三句箴言。

1. 正念觉察："这真是太难了，我又暴饮暴食了，我的身体很难受，心情更抑郁了。"

2. 共通人性："唉，没有谁是完美的，也没有谁总能抵抗食物的诱惑。吃多了是正常的，所有人都一样。"

3. 善待自己："我要对自己温柔一点，问问自己此刻需要什么，也许是洗个热水澡，或者是去散散步。"

庆祝成就，总结经验

当然，你也一定会有这些时刻，能够在七成饱时就放下碗筷，面对诱惑能够及时觉察并选择绕过……那么就请庆祝这些小小的胜利，狠狠地自我欣赏一番，把对自己的赞美和夸奖写出来，并留意你是如何改变的。自己如何能够跳出强大的惯性投入新行为，有没有发现什么秘诀和窍门？如果要把新行为持续下去，你可以做什么？

记录饮食日记

认知行为疗法是心理学领域针对进食障碍症最广泛的治疗方法，也是标准疗法。它要求我们写饮食日记，详细记录每一顿饭的细节，从而全面提升觉察。记录的内容包括：进食时间，地点，和谁在一起，环境如何，摄入食物和饮品的种类、数量，是否有限制饮食，是否有暴饮暴食，是否有补偿行为（催吐、泻药、运动等），进食时的想法、情绪等。记录的目标不是为了立马改变进食习惯，而是为我们提供更多信息，让更加清晰的模式呈现出来，我们或许可以从日记里发现饮食模式跟进食前后的事件、行为、我们的想法、情绪、身体感受之间存在某种联系。例如暴食是否集中于一周中的某些时段，或者是否有特别的诱发因素。我最初看心理医生时，也是通过记录饮食日记发现了压力跟暴饮暴食之间的关系。

观察诱发因素，避免挑战人性

当我们决定要吃东西时，一定会受到诱发因素的影响，有来自外部的因素，例如：

- 路过一家烤串店，被香味吸引。
- 刚好看见桌子上有一盘花生米。
- 订餐应用突然闪出一张炸鸡翅的图片。
- 跟朋友约了自助餐。

也有来自内部的原因，例如：

- 生理性的。（我饿了）
- 身体感受方面的。（我很疲惫……）
- 情绪方面的。（好焦虑！）

我们发现，并不是所有进食诱因都需要回应，除非我们的身体需要进食。所以，减少环境中不必要的诱因就能够减少冲动性行为。我把这个方法叫作"不要挑战共通人性"。为了支持我养成习惯，我对环境做了下面的调整：

- 提前规划自己的饮食，吃得健康美味。
- 不买不健康的零食。
- 即使是健康食品，也要存放在非透明的容器里。
- 办公桌远离冰箱。
- 每天吃完晚饭就刷牙。
- 想吃烤串、蛋糕等热量炸弹时约好朋友一起。

斩断链条，寻找替代

还有一个非常好用的方法，我把它叫作"斩断链条"。我会观察自己从正常饮食到暴饮暴食，再到补偿性行为之间产生了怎样的具体行为，清晰地画出链条：

诱发因素 → 寻找食物 → 正常地吃 → 不受控制地吃 → 寻找更多食物 → 继续不受控制地吃 → 寻找更多食物（重复）→ 吃不下 → 寻找催吐地点 → 催吐。

其中每两个端点之间，也由一串不同的行为组成，例如：吃完某种食物到找到另一种食物之间，需要我站起来 → 走到冰箱前 → 打开冰箱门 → 取出食物 → 回到餐桌 → 打开包装 → 放入口中，只要在这个习性反应链条上任意一个环节有了觉察，就可以注入新的可能性，斩断链条，带来改变。而不断的觉察、斩断，就可以重新塑造新的链条，走出习性的模式。

保持平衡，与身体连接

在进食障碍症康复治疗中，我曾被一再告知：要像正常人一样吃饭。正常人吃饭既不暴饮暴食，也不限制饮食。研究表明，只要出现克制饮食的行为，不管是对进食种类的挑剔，还是对热量总量的控制，之后一定会有过量饮食的行为发生。身体的智慧不仅为我们提供了吃什么、如何吃的重要信息，还可以让我们启动多重感官感受食物的美妙。正念能够帮助我们跟身体建立连接，敏锐觉察身体感受和情绪感受。

当我们需要食物时，就会觉得饿。敏锐地觉察"饥饿"这种感受，我们会发现饥饿感有不同程度，可以用从 1–10 的尺度衡量。当我们略微有点饿时，可以用 1 表示；饥肠辘辘快要饿晕时可以用 10 来表示。随着我们对饥饿感越来越熟悉，对它的评估越来越精准，就可以决定：当饥饿感超过某个数值时再去开启"吃"这个行为。一般我会选择饥饿感 6–7 时进食，因为超过 8 时可能就会吃得过快、过多。

跟饥饿感相对的，是饱足感。饱足感是一种胃逐渐被充满的感受，也可以用 1–10 来衡量。胃里有些许食物垫底是 1，被撑得鼓囊囊的是 10，那么我们可以决定在饱足感达到 7 时，就停止进食。当然，大脑感受到"饱"需要收到激素分泌的信号，但这个传导过程会有延迟。有时我们吃得太快，吃完了还觉得没饱，于是又点了两个菜，可等菜上来还没吃两口就觉得撑了。所以，我会刻意放慢吃饭速度等待大脑的反应，同时评估胃部的饱足感。

饥饿感和饱足感更像是跟胃去做沟通，而"满足感"好像是在问心灵：你吃得是否愉悦？是否心满意足？满足感同样可以用 1–10 来衡量。正念饮食练习会启动五种不同感官去享受食物，就像第一次接触这种食物一般，带着好奇心专注地品尝，缓慢地咀嚼，细细品味每一口蕴藏的千滋百味。研究表明，正念饮食会让我们吃得更慢、更少，满足感更高。在带领葡萄干冥想练习时，总有小伙伴说："天呐，我从来没有发现葡萄干竟然有那么多种风味，还那么甜，一颗就足够了。可是平时一颗接着一颗吃，恨不得吃完一整包。"在吃高热量食物的时候，尤其适合带着正念去品味。

万能的四步工作法

现在，我按照正念觉察、明确意图、全然接纳、重新投入这四个步骤来善待和关怀自己，不被吸入暴食旋涡。

我会先启动正念觉察，在当下做几个深呼吸，拉开刺激和反应之间的距离，在这个心灵空间中休息一会儿。只要我能停下来，跟自己的身体保持连接，就基本上可以抑制暴饮暴食的趋势了。因为想吃东西不过是一个冲动，是一个想法，我可以不被想法牵制。

接着，我会探究和明确意图：意图是我们做每一件事情背后的动机、愿望、期待和承诺，隐含着"我究竟想要什么"。如果肚子里还是空荡荡的，想吃东西的念想并没有断，我就会问问自己到底哪里想吃。如果是胃，可能真的饿了。此时，我会想象吃什么、怎么吃会让自己更舒服。或许那一刻我决定采取跟自己长期价值更匹配的行动：我希望生活得更加健康，头脑更清晰，身体更轻盈，不要吃完就犯困，隔天就爆痘，想到这里，我可能就会去吃温泉蛋、轻蔬杂粮饭。但如果那个当下，我就是想吃点有味道的、高脂高油的食物，我也完全接纳，因为我会倾听身体在清醒状态下的需求，它可能真的需要肉类蛋白和脂肪，我会尽情享受美味，并提醒自己无须内疚，更不需要补偿行为。我还会邀请自己在吃的过程中放下手机，每一口食物都认真咀嚼，郑重其事地欣赏和品味，并由衷感谢食物不仅为我提供了能量，还满足了我的情绪需求。在整个过程中，我每分每秒都在当下，并在正念状态中，感受胃部一点点被充满，小小的满足感一点点叠加，能量也开始攀升。能量足了，就可以去面对下一个挑战了。

如果饿的是大脑，大概率是因为焦虑，或许还有一些深层需求未被满足。如果焦虑了，我会问自己，有什么方法可以缓解焦虑，最直接的方法就是让自己的身体动起来，着手工作，哪怕是一些微小的准备，都可以平复这种焦虑感。我很多工作都跟创作有关，这是我喜欢且擅长的；但即便如此，当截稿日期压下来时，并不是每分每秒都令人陶醉，我会尽力创造让自己舒适的工作环境——窗明几净，温湿宜人，为自己沏上一壶茶，戴上降噪耳机，打开歌单。我专门制作了一个用于开启写作流的音乐集合，每一个音符都像是一朵绽放的烟花，能带我进入广袤无垠的创意星空。

当然除了焦虑会让我想吃东西，还有一些深层未被满足的需求，例如孤独、疲惫，也会诱使我用食物解压。这时，我会去翻看自己的幸福清单，看看是否还可以采用其他方式支持自己，例如瑜伽、健身、在大自然里散步或者SPA，我会想象自己热汗或SPA之后焕然一新的样子，对比暴饮暴食之后臃肿沉重的身体和萦绕不散的愧疚，我可能会选择前者。但如果我依然想吃，那就好好吃。除了正念地享受，我还会温和地对待自己，告诉自己所有令我不舒服的都会过去，我一定会好起来，告诉自己很多人都会这样，在迷茫失落的时候用食物安抚自己，我并不孤单。食物没有好坏，能提供情绪价值就应该感谢它，也要感谢当下那个在不适中依然选择保持清醒的自己。食物在我的肚子里，是它们最好的归宿，它们会继续给我提供能量和安抚，没有必要再请它们出去。我的身体可以完全接纳它们，完成消化和吸收，我根本不需要担心热量或健康，因为常年的觉察和自律，我值得这样犒劳自己。

如果有一个公式的话，那一定是从觉察开始，但即使觉察来得没有那么快，在暴饮暴食的整个链条中，在任何环节觉察也都不会晚。只要有觉察，就能创造更多心灵空间，就有了更多选择的自由。就算知道习性模式不是最优选择，在做选择时，我们的大脑依旧会偏向习惯性的选择，因为那里是确定的，确定性就意味着某种程度的安全——这也能够解释为什么被家暴的一方很难从旧有的环境中挣脱出来，大多数人宁肯承受确定的暴力，也不愿面对不确定的外面世界。暴饮暴食的恶性循环也是这样：吃两口炸鸡，一定会给我带来熟悉的味道和口感，它们一定会给心灵带来慰藉——但在觉察创造的心灵空间里还有一些其他选择，我们无须完全逆转，而只须给新选择一个机会，哪怕是一次最小步伐的尝试。好像你有玩得很好的老朋友（炸鸡），这里又有一些新伙伴（海带），海带们也想跟你做朋友，你并不需要一下子跟它们打得火热，但是不是可以尝试跟它们聊聊天，喝个咖啡，然后决定要不要跟它们做朋友？如果它们很无聊，你依然可以选择回到炸鸡那里去。

在做决定时，我们会重新审视意图，也就是我们到底想要什么。这个意图是当下的意图，但会受到价值观的影响。当下的意图包括：

"情绪低到谷底！我需要支持！"

"赶紧完成这个项目……"

"克制自己太久了，放纵一下。"

"好好享受此刻。"

……

价值观和我们长期期待有关：我到底想成为怎样的人？拥有怎样的身体？保持何种能量状态？希望获得怎样的感受？有时，我们当下的意图和期待可能会有冲突，那么就要做出选择。例如：我期待成为一个自律的人，拥有健康的体魄和积极的状态；当下的意图是好好享受美味的炸鸡。

这个时候，我们需要知道偶尔吃个炸鸡完全不影响我们成为一个自律健康的人，但是如果天天吃炸鸡，就会偏离我们自我设定的价值，因为价值和行为长期不匹配，会加重内耗，让我们更有羞耻感。同时，但凡我们反复做的，就会不断加强成为自动化反应模式。于是，选择在难受的时候吃炸鸡，吃完感觉更不好，或许会成为恶性循环——这里并不是威胁，只是列举各种可能性。我们做选择前，要尽量看清可能发生的结果，并且愿意承担后果。

如果澄清意图，还是要"好好享受美味的炸鸡"，那就先祝贺一下自己吧。因为这是在清醒的正念状态下做出的决定，无论如何，脱离自动驾驶模式的审慎选择，都是一次正念练习，都值得赞赏。

做出选择后，请**全然接纳**自己。如果还是有羞耻感等困难情绪出现，那就停下来给自己一些关怀，把双手放在胸口，安抚自己说："亲爱的，我知道你心里并不好受。你看这就是共通人性啊，请允许自己不可能一直自律，每个决定都不可能天衣无缝，因为自己也是人，会脆弱，会犯错，会懒会馋会疲惫会低落。"与此同时，请放下包袱款待自己：既然做了决定，就一定要吃得尽兴，也不用内疚羞耻。

接纳了自己的选择，也就意味着要为选择负责。在重新投入的过程中，我们可以重新对齐意图，并邀请注意力在每一个当下对焦意图，带着对食物的好奇心好好享受这个感官盛宴。如果愿意，欢迎邀请小伙伴一起吃，独乐乐不如众乐乐。分享创造联结，联结能预防孤立和割裂，避免牛角尖越钻越深，掉进情绪旋涡或想法反刍中。邀请朋友一起吃还有一个好处，那就是自己会不自觉地吃得少一点。

用正念自我关怀应对进食障碍的方法如下，同时，它其实适用于所有场合：

正念觉察：创造心灵空间，观察想法和情绪，知道自己不必被带走，还有更多选择。

明确意图：探索当下的意图和长期的意图，在它们发生冲突时，在正念状态下做出选择。

全然接纳：应用自我关怀技巧，承认共通人性，允许自己不完美，采取友善温和的态度。

重新投入：带着对自己的祝福投入选择从事的行动，维持注意力，聚焦意图。

HALT 时刻，对自己更好一点

曾经深陷进食障碍旋涡时，我发现这样一个规律：每次暴饮暴食都发生在午后，尤其是夜幕低垂之后。那时，我的身体又饿又累，意志力极其薄弱，压力来临时，面对美食的诱惑几乎不堪一击。然而，每当太阳升起来时，我神清气爽，能量爆棚，轻而易举就能做出自律健康的选择。

直到了解到HALT停止模型，我才恍然大悟。HALT这个缩写词本意是"停止"，四个字母分别代表四种状态：饥饿（Hungry）、生气（Angry）、孤独（Lonely）、疲惫（Tired）。HALT模型最初是为了帮助康复治疗机构的成瘾者了解他们最脆弱、最容易复发上瘾行为的情形是什么，从而提前采取行动以"停止"潜在风险。

我们的大脑里住着的两个伙伴，一个叫杏仁核，一个叫前额叶皮层。杏仁核管理人类基本情绪，所以这几种状态都是杏仁核的主场，让负责深度思考、决策执行的前额叶皮层根本无法插手。例如，白天时我的能量状态饱满充盈，前额叶皮层正常高效地工作，通过理性分析和判断，总能帮我做出健康可持续的决策；但是晚上一到家，人又饿又累时，杏仁核就冲出来起了主导作用，决策过程完全不经过前额叶皮层，于是我们的行为更加任性和冲动，这也就不难解释为什么这个时候的我们不堪一击，容易复发上瘾行为。当然，通过正念觉察的训练，还是可以调动前额叶皮层工作，但是要比白天能量充沛的时候费劲得多。

HALT停止模型提醒我们学习识别这四种情形对于决策的影响。如果你发现自己在特定状态下意志力薄弱，注意力涣散，头脑混乱或逻辑不清，容易做出冲动的行为或不受控制的想法时，就可以观察一下是不是符合这四种情况。下面是一些建议的方法，可以缓解这些状态带来的风险：

饥饿（Hungry）：保持规律的饮食习惯，随身携带健康小吃，以防感到饥饿时没有合适的食物。研究证明，每三四个小时吃一些健康小食，可以通过保持血糖水平稳定来帮助防止情绪变化，包括抑郁和愤怒。

对于我来说，晚上九点以后我就不再进厨房了，因为这个时候又有点饿了，所以我尽量不挑战人性，主动远离诱惑。我会提前刷牙洗脸，换上睡衣，用床头灯看书，或看电影、纪录片。

愤怒（Angry）：我们在正念练习中观察情绪时发现，每一种情绪都带着信息而来，愤怒通常在提醒我们关注自己的边界是否受到侵犯，内心深处的需求是否得到满足。除了做内在探索，学习情绪管理，通过呼吸、冥想、自由书写、运动等方式释放和舒缓愤怒情绪之外，还要善于利用"愤怒"这个点火棒，去激发勇猛的自我关怀，例如主动发起那个可能引发困难情绪的对话。

我观察到自己会习惯性逃避愤怒这种情绪，结果一个人通过食物寻求慰藉。现在，当我感到愤怒，我会通过舞动和自由搏击健康地释放攻击性。你也可以观察愤怒引发的习性反应是什么以及是否需要做出改变。

孤独（Lonely）：与人建立联结、参加社交活动，可以有效减少孤独感。对于天生内向的人，广泛社交则可能会消耗能量，但与他人建立高质量和深度联结依然对心理健康有益：尝试跟家人和好朋友定期保持联系，还可以参加自己感兴趣的社团和志愿者公益活动。研究表明，当我们真诚给予利他忘我时，能够极大提升幸福感。

研究证明，暴饮暴食多发生在一个人独处时。现在，如果我想要吃东西（尤其是平时因为健康要克制的食物，诸如炸鸡、啤酒、烤肉、蛋糕之类），就会邀请几位好朋友，还能多吃几道菜，一起分担卡路里。

疲倦（Tired）：如果时常感到疲劳，建议检查饮食、运动、睡眠，还要注意体内营养素是否充足均衡，注意工作的模式和时长等。睡眠质量尤其重要。大脑只有通过快速眼动（REM）睡眠才能正常"充电"。晚上喝酒精或含咖啡因的饮料，剧烈运动，使用电子设备，或者试图处理困难问题都可能会妨碍这种高质量的睡眠水平。我们要创造优质睡眠的环境，如减少光线（尤其是电子设备的蓝光，会抑制褪黑素分泌，影响睡眠质量），设置最佳睡眠湿度（40%–60%）和温度（15–19摄氏度），保持卧室床品干净整洁、室内空气新鲜流通，准备香薰、眼罩、耳塞等。

疲惫时，我会用优先选择其他自我关怀的方法安抚自己：做SPA，看电影，或者蒙头睡大觉，当然我还会求助家人和朋友。

如果我能够带着如今的智慧回到自己的青春期，还愿意重新经历进食障碍带来的痛苦吗？

我很笃定地说："当然，我一分一毫都不愿意错过。"

我的痛苦终究成了礼物。如果没有进食障碍，我可能不会开启内在探索。病症对于病人来说是非常重要的，不应该简单地祛除它。病症可能是我们在遇到压力和困难时创造出来的应对方法，它一定有自己的益处，而且非常珍贵。回想我和我的进食障碍症共处的二十年，我的眼角总会湿润，我想对它说："谢谢你，再见了，我爱你。"

接下来，我们做个经典正念饮食练习，既可以加强专注力训练，还可以探索五感，培养全然的觉知。我们还会通过观想，唤醒对万物互联的感受和对万事万物的感恩。

练习：葡萄干冥想 🔊

请准备几颗葡萄干。找到一个舒适的坐姿，如果觉得很安全可以闭上眼睛。先通过几次深呼吸，慢慢清空大脑，放松身体。

接下来，正式开始跟一颗葡萄干的约会。请先用右手拇指和食指把葡萄干捏起来，先用触觉去感受。你可以将它捧在掌心，感受它的重量、温度、质感，再用手指轻捏它的表皮。它给你什么感受，是粗糙还是平滑，是坚硬还是柔软，跟你想象中的硬度有何不同？请再把葡萄干换到左手感受一下，它的重量、温度、质感有什么变化？请把注意力放在手部皮肤与葡萄干接触的部位，去探索精微的触觉感受。

下面，开启嗅觉之旅。先清理一下鼻腔内存留的气味：深深吸一口气再重重呼出，重复三次。接着把葡萄干放到鼻子下方一寸的位置，去闻闻它，试试描述它的气味。再把葡萄干放到鼻孔旁边闻一闻：香气变化了吗，是浓郁的还是淡淡的，还有其他味道吗？静静感受这些气味的组合，让鼻子享受丰盛的嗅觉体验。

接下来，终于要观赏葡萄干了。请把它放在面前，像从未见过它一样，重新去观察、认识它，请在心里描述：它是什么颜色，形状和纹路是怎样的，这个花纹让你联想到什么？透过光线看它，看看它内部的纹理；在光影下看它，看看它影子的形状；探索还能有什么方式去欣赏它的美丽，让眼睛全然投入。

此刻，请将葡萄干放进嘴里，但先别咬下去，体验想要立即品尝它的冲动，在这里停留一下，先用舌头探索它的表面，尝试用舌头翻转它，放到口腔中的不同位置，感受葡萄干在嘴里静止和移动时的感觉：它的硬度是一样的吗，它的温度有何变化，它是否在变软？你的舌头能尝出它的味道吗？当你感觉它在慢慢融化，就请准备好咀嚼，留意它在哪里就位，又是如何被送到这个位置的，感受是哪些牙齿参与这个过程的？请专注地咬一两下，感受它是如何在牙齿之间被碾碎，又在你的唇齿、舌头之间留下了怎样的味道？

与此同时，开始探索听觉。慢慢咀嚼它时，你听到了什么？温和的，还是有些尖锐的声响？是哪些器官在发声？除了咀嚼声，还有什么声音？请安静地和所有声音共处，包括环境的声音，让耳朵去享受这场奏鸣曲。

接着去细腻感受一下葡萄干的味道。你如何形容它的甜度、酸度？跟平时吃到的葡萄干有什么不一样？请带着温和不评判的心去感受这精微的味道组合。带着耐心再多咀嚼十次，留意葡萄干的质感、温度、味道是如何随每一次咀嚼发生变化的，每一刻都不同。

咀嚼之后，准备吞咽时，请邀请注意力感受它顺着舌头到喉咙，经过食道触及胃部的感受。感受它给胃部带来了怎样的重量，你的身体怎样被它滋养，是不是感觉到它带来了一些充盈感？此刻你可以让心静静停泊在感恩的河流中。

此刻，想象你搭乘一辆开往西部的火车，穿越高山的隧道，来到吐鲁番的葡萄沟。抬头你便看见一望无际的碧绿，走到近处，你发现那是一排接着一排的葡萄藤，葡萄藤下，抬眼便见大串大串的葡萄，每一颗都翠绿而饱满，它们闪着光，光线从藤蔓树叶的缝隙中照射在你的脸上。为了促成跟这颗葡萄干的约会，有多少人的辛苦劳动，又有多少大自然的助力，土壤、阳光、空气、水、蜜蜂、蝴蝶……每一份用心和能量都注入这颗小小的葡萄干，它带着很多人的祝福来奔赴和你的约会，最终变成补给你的能量。

等你觉得心满意足后，请回想一下刚才的体验跟日常进食有什么差别。

正念用餐是心无杂念地进食，专注于每一个感官的感受，对每一口食物都满怀感激。虽然无法做到每一顿饭、每一口咀嚼都完全正念，但可以在每周设定一次正念用餐：放下手机，尽情地观赏和品味每一口食物，并对背后为之付出真心的每一个生物，表达深深的感恩。这是正念和慈悯带给你的礼物，也是日常起居中最简单的幸福。

职场中的自我关怀

我的职业生涯中曾有很多光鲜的标签：纽约州执业律师、沃顿商学院 MBA、美国上市公司副总裁、好莱坞明星创立的公司中国区负责人、估值数十亿美金独角兽公司联合创始人，但这些光鲜标签的背后，我同样也经历了很多的至暗时刻。回过头去看，这些让我痛苦、迷茫、挫败的时刻，也恰恰给了我与内心深处的自己坦诚相见的机会，也让我一步一步地认可、接纳自己，和自己成了朋友。

在这一篇的前半部分里，我会与你分享我在职场中的这些经历和自我关怀、自我疗愈的旅程；而后半部分，我会与你探讨从公司和老板的角度，如何建立有慈悯文化的企业，让员工能够在被关怀的状态下拥有最大的创造力。

如何面对不成功的面试

我从商学院毕业时账户上几乎没钱了，读 MBA 贷款的还款日也一天天逼近，找工作也不顺利，连着投了几个公司都杳无音讯。那时我的内核是空的，多次经历健步如飞走进会议室时信心十足、胜券在握，一番沟通被拒绝后，开始怀疑自己能否胜任这份工作。这些经历加剧了我对自己的否定，脑子里开始编故事：也许商业领域对于律师的经验存有偏见？莫非英语不是母语？或者自己是女性？

多年以后，当年曾面试过我的一位大佬想拉我创业时说："Pearl，那次真可惜，我们都觉得你非常优秀。"我这才知道，当时大公司没有给我发offer是因为高层突然决定，将管理培训生项目推迟一年进行。这让我对自己在面试之后很长一段时间陷入的自我怀疑、自我苛责哑然失笑。应聘结果和我当时的表现竟然完全没有关系！现在的我非常清楚地知道：如何建立一个客观的、善意的自我评价体系，是一个人自我成长中的必修课。如果你也遇到了跟我类似的不成功的面试，你可以做以下练习：

· **观察情绪和想法**。不成功的面试会让我们感到沮丧或失望，这是正常的，允许所有情绪流淌，并给自己一些时间去处理。观察情绪背后的想法是否跟事实相符，还是仅仅是大脑编剧的创造？请留意灾难性想法可能带来的自我否定和怀疑。

· **正念觉察**。客观看待面试的经历，尝试理解无常是常的道理，一切都处在流转变化之中，也就自然在培养成长型思维。失败是成长的一部分，它不能定义我们，我们永远有选择和改变的可能性。

· **自我欣赏**。记住你的价值不仅仅取决于一次面试的结果，肯定自己的能力和为面试所做的准备。列出你的专业优势和职场技能，为下一次面试积蓄能量。

·**澄清价值**。有时,不成功的面试仅仅是在提醒我们,这份工作真的适合我吗?它能够彰显我珍视的价值吗?怎样的环境最能激发我的潜能?请澄清核心价值,指导职业规划。

·**自我关怀**。用温柔的自我关怀安抚自己,再用勇猛的自我关怀投入下一次战斗。

建议练习:自我接纳(RAIN)、转化自我评判、自我关怀三句箴言、建立自我关怀资源库、梳理价值、自我欣赏十条、勇猛的自我关怀伙伴。

如何面对工作中的高压

经历过几次失败的面试,我终于拿到了好莱坞艺人杰西卡·艾尔芭(Jessica Alba)创立的美国诚实公司(The Honest Company)的录用通知。我很喜欢我的新公司,它是母婴行业的独角兽,我的工作是帮助公司在中国开疆扩土。初创工作肯定倍感压力,那时的我在登机之前已安排好了一连串会议,十五个小时的飞行落地后连上网就进入工作状态。我白天跟中国团队工作,晚上跟美国团队沟通,无论是倒时差,还是焦虑导致的神经衰弱,都让我的睡眠质量不高,总感觉昏昏沉沉。

有一次我工作到凌晨三点,早上七点要和集团高层开会汇报进度。然而等我醒来,已经八点半了,随手抓了一件衣服穿上,洗一把脸,三两下刷完牙,夹着电脑冲出公寓。我赶到办公室时已过九点，会议已经结束。我知道自己闯了大祸，心中非常忐忑，不停地跟老板道歉："Steve，我早上没听到闹钟，睡过了，我为我的不专业道歉。"

老板并没有表现出非常生气的样子，对我说："Pearl，今天放你假，回家休息一下。"这是让我回家反省一下吗？我慌忙道歉："对不起，这是我的错，我可以跟总部发邮件解释。"说完我在他对面坐下，打开电脑开始编辑邮件……

"放松。我是想给你一天带薪休假，最近你太辛苦了。"

"带薪休假？"我不敢相信我的耳朵，"但我做错了事，我不配有假期。"

"好好工作的前提是保持健康，拥有好状态。我给你休假也是有目标的，先去补觉，再做个SPA，放松，放空。"我还在揣测老板的动机，他已经从我手中拿走了电脑，"这个我先扣下，你现在离开办公室，今天不许工作。"我依然不敢动。

"走呀，还要我给你叫车吗？"

"哦，不用了。"

遇到Steve是我的幸运，他不仅教我如何工作，更教我如何放松。但并不是所有人都有这样一位老板，所以我们需要在心里安装一个Steve，提醒我们身心平衡，劳逸结合。硅谷精神之父凯文·凯利（Kevin Kelly）提到，我们必须像尊重职业道德（work ethics）那样重视休养生息（rest ethics）。高强度、高压力的工作会导致注意力狭窄，让我们忽略身心健康信号，还会影响重要的关系，我们需要及时觉察并使用自我关怀的技巧解压。

・正念觉察：从专注呼吸和身体扫描开始重新与身体建立连接，逐渐培养自己敏锐捕捉身体感受和情绪状态的能力，时常提醒自己停下来，慢下来，去聆听有关身心健康和能量状态的信号。

・自我关怀：感受到压力时，对自己说三句箴言，去自我关怀资源库里漫游，寻找安抚自己的感官体验，到大自然和艺术世界中放松，从幸福清单中发掘灵感，逛逛大脑的治愈收藏馆。

・捍卫边界：如果温柔安抚依然无法缓解压力，请通过情绪的信使需求探索，澄清工作与个人休息的时间和空间界限，邀请勇猛的自我关怀伙伴捍卫自己的休息边界。

・寻求帮助：通过慈悯沟通的方式跟老板表达自己需要支持；通过自我关怀关系网，找到可以依靠的资源。

建议练习：呼吸练习、身体扫描、STOP 停下来、建立自我关怀资源库、需求探索、慈悯沟通、勇猛的自我关怀伙伴。

遭遇裁员

眼看着公司的中国区品牌、供应链和电商运营体系逐渐搭建起来，印着可爱斗牛犬的新款纸尿裤和散发着薰衣草清香的婴儿洗发水已经准备就绪，装在蓝色镶金的品牌礼品盒里，将要去往一线艺人妈妈们的手中。团队紧锣密鼓"装修"店铺，做详情页，还联系了上百位有自己社群的大 V 妈妈，琢磨着如何把社群电商同步做起来。

"人货场"都已到位，万事俱备，只欠东风。万万没想到，大洋彼岸公司总部正在召开董事会，并同步了我们"暂停中国区运营"的决议。我连着打了几个电话，确定自己不是在做梦，我得到的答案是：董事会决定把重心转移到美国国内的销售，并且的确要"暂停"中国区运营，而非"暂缓"。

我来不及处理自己的情绪，而是像机器人一般处理着必须做的事情：通知代运营团队停止一切工作；跟顾问逐一解约，结清咨询费用；向平台和友商解释并暂停合作；跟共享办公空间解除刚刚签定的合同……事情一件接一件处理完，我抬头看着电脑屏幕，刚好是编辑了一半的向 Steve 汇报的周报。此刻手机响起，"Pearl，你还好吗？"是我们的供应链顾问，在过去几个月里，我们成了彼此信任的朋友。我的眼圈终于红了，明知道没有人可以埋怨，但心中还是很委屈。

当我把这个消息告诉家人时，听到妈妈的失望，我觉得自己搞砸了，怪自己这么大年纪还要让父母担惊受怕，直至现在，我依然能感受到当时的愧疚。我让自己醉心于收尾工作，以此麻痹自己。然而很快事情就要处理完了，眼看我又要陷入抑郁的洪流，我的老板、亚太负责人 Steve 给我打了一个电话："嗨，最近你都好吗？我为你争取到三个月的薪资赔偿，希望能帮你渡过难关……"Steve 的语气里有很多无奈，我赶紧说："已经很好了，谢谢你的努力。"接着，我听到他说："毕竟是总部搞砸了，他们要赔的，我很抱歉。如果你需要推荐信，一定来找我。"

我拿着电话，眼泪簌簌掉下来："毕竟是总部搞砸了，所以真的不是我的问题对吗？"我在心里反复重复，直到自己确信。

当一个人面临被裁员时，虽然心里明白是因为大环境，或是公司业务调整，但是大多数人还是无法彻底摆脱负面影响，依然觉得自己有错，甚至很羞耻，无法向身边的人解释，埋藏很深的无价值感会被唤起。这个时候，进行自我关怀是非常重要的，你可以：

・**正念觉察**。当你得知这个消息时，请借助正念跟自己的身心建立联结，允许各种情绪出现，觉察抵抗和自我接纳（RAIN）都是合适的练习。

・**自我关怀**。对于受伤的那部分自己，运用温柔的自我关怀力量，给予自己无条件的支持与安抚。你可以联结慈悯之源，让自我关怀资源库为你服务。

・**保护自己**。探索你的内在，还有哪个部分受到了伤害，如何能够满足这个部分的需求？如有必要，邀请勇猛的自我关怀伙伴，为自己争取权益保障；慈悯沟通也是你的工具。

・**转化消极**。留意消极自我对话模式，提醒自己裁员并不反映你的价值或能力，它更多与公司的经济状况或重组决策有关。如果对个别人事怀有怨念，尝试共通人性的练习。

・**澄清价值**。利用这个机会反思你价值感的来源是什么？你真正感兴趣的是什么？如何通过职业选择实现这些目标？

建议练习：觉察抵抗、自我接纳（RAIN）、慈悯之源、建立自我关怀资源库、需求探索、勇猛的自我关怀伙伴、慈悯沟通、我们都一样、梳理价值。

如何面对负向评价

离开美国诚实公司（The Hornest Company）后，通过投资人朋友和校友的推荐，我跟几位初创项目的伙伴深聊了几次，做了多方评估，最终决定加入总部在北京亮马桥的一支团队，在大健康领域做社群电商。

自从加入创业公司，我的心始终是悬着的——在不熟悉的行业里，我很怕犯错。我发现自己敢做关于人生的大决定，却在做业务决策时如履薄冰，害怕由于自己的判断不准，浪费公司资源。完美主义又要求我事必躬亲，千头万绪，把自己弄得很累。加入团队第四周，创始人第一次给我反馈，说我做事显得束手束脚，跟他的期待有距离。虽然他也给了一些积极的反馈，但我只听到了失望，也只记得当时那种无力感带给我的挫败。这种低价值感陪伴了我很久，大脑的消极倾向性很难让我聚焦于取得的成绩，我总是带着批判的眼光审视自己，觉得自己做得不够也不好。

我生活在一种诚惶诚恐的紧张模式中，哪怕不工作也很难放松。每天晚上睡不着，早上不想起，想到工作就抑郁，每天从家到办公室的通勤，道路仿佛越走越窄，身体本能地越缩越紧，在电梯里要做几个深呼吸，才有勇气走到自己的办公桌前，开始一天的工作。在给员工做价值观培训时，我鼓励大家进行内在探索，澄清价值，找到身心合一的工作生活方式，可是我自己却无法践行，我觉得，自己就像是一个伪君子。

看到我的状态很差，当时还是男朋友的Joey说要给我做一次教练。

"老板还在给你负向反馈吗？"

"没有了，现在挺好的，做的事情越来越顺手了。"

"考虑客观因素，撇开老板的反馈，你给当时的自己打多少分？"

我沉默了，掏出纸笔，尝试回忆过去一年到底发生了什么。回到阔别十年的故乡，我对这里的市场非常陌生，又在陌生的行业从事陌生的工作，没有资源、人脉或积累，甚至没有相关技能，我快速自学，广泛求助，同时建立自己的团队。但是学习是有一个曲线的，必须经过一些时间和摸索，而我每天事情太多，要支持其他部门的需求，又要管理团队，学习的时间很少。但即便如此，我也从来没有放弃，硬着头皮死磕，终于有了起色。

"我给自己打九十分，我认为自己做得不错。"

"结合客观事实，你的表现相当不错了。你知难而进，敢于承担责任，短时间内取得效果，更重要的是，你能屈能伸，不断调整，最重要的是，你都这么难受了，还在坚持，表明了你对团队的忠诚。"

我从来没有从这个角度考虑过问题。创始人对我有预期，那是他基于当下情况的判断而做出的预期，预期不过是个假设，它可能是正确的，也可能不是，可能实现，也可能无法实现，只有事实才能给我们的判断提供依据。而客观事实是：我做出了努力，但没有达到预期，一种可能性是对增长的假设本身就有问题，商业模式的特点决定我们根本无法实现大规模复制和增长；其次，我很新，需要时间去成长，也会犯错和搞砸。当然他并没有错，他有权提出要求，但自我评价并不需要完全被他的观点和判断左右。我曾经狭隘地把他的评价当成了客观事实，觉得自己辜负了他的期望，就开始苛责和攻击自己，由此造成了长期低价值感和抑郁情绪。

面对老板的批评，你可以做以下练习：

积极倾听。深入倾听老板的话，尝试理解他的立场和需求，获得有价值的反馈。区分反馈中的事实陈述和主观评价，关注可以改进的具体行为或技能，而不是对个人价值的否定。留意反馈给自己带来的影响，观察自我对话模式，转化苛责与评判，识别并处理限制性信念。

自我欣赏。由于人类大脑具有消极倾向性，在消化负向反馈的同时，我们更需要及时肯定自己的闪光点。浏览"自我欣赏十条"，提醒自己的优势、成就以及你所做出的努力。需要时用温柔的自我关怀安抚自己。写出对自己的祝福，向自己发送慈心冥想。

共情老板。老板也是人，也有自己的挑战和功课，会失误失策，无法尽善尽美。虽然立场主张不同，权力地位不同，但老板跟所有其他人一样拥有人类共同情感体验，也会害怕、焦虑、恐惧、不安。共通人性的练习会让我们获得这一领悟，促进对彼此的理解和慈悯。

内在探索。如果发现自己过于在乎老板的反馈，可以尝试向深处探索。通过与内在小孩连接、扳机反应与内在小孩等练习，你或许会看到原生家庭和成长环境如何影响你与权威的关系。这段探索将加深你对自己的了解。无论你的发现是什么，请记得用自我关怀的方法安抚和满足自己。

正念态度。带着好奇和不评判的态度重新解读老板的反馈；对于事实及其引发的情绪给予全然接纳；依然对自己抱有最大的信任和耐心；重新评估现实状况；做出计划并努力奔赴，却能够从容不争；即便结局不尽如人意，也能坦然面对，既能举起，亦能放下。

建议练习：积极深入倾听、为限制性信念松绑（SSA）、扳机反应与内在小孩、写给自己的祝福语、TA和我一样、自我欣赏十条。

慈悯是企业的竞争力

这些年，常常听到从事管理的前辈抱怨，觉得"90后""00后"很难管。此外，公司组织结构变得更加灵活，远程办公不仅成为可能，或许还会成为未来的方向，公司治理层面很多旧有规则都面临挑战和迭代。但是社会研究学者发现，越是经济下行期，一些公司就越有凝聚力，上下同心，共渡难关，体现出强大的集体韧性。

我熟悉和喜欢的一家南加州餐厅，就是这样的组织。这家餐厅主要经营纯素有机餐饮，把主食、主菜、配菜、汤羹、果昔饮品，甚至甜品都做得有滋有味。餐厅已经运营了很多年，鼎盛时期在主要商区都开了分店。十年前，我刚对素食感兴趣时，就被这家餐厅深深吸引，只要去南加州，一定会抽时间前往。那时它在好几个街区都设有分店，十分便利，我甚至把全天所有会议都安排在同一家餐厅里：那里不仅窗明几净，被绿色植物簇拥着，还有天然复方精油的熏香。聊完事情，我还能向朋友介绍一杯十五美元的果昔里有什么超级食物配料，例如螺旋藻——把饮品变成蓝色的魔法师，它可是抗氧化剂和抗炎明星，还有灵芝和猴头菇——连我自己都惊诧，咱们老祖宗用来补身子的养生宝贝们，竟然在南加州一家美式纯素餐厅的厨房里一应俱全。

今年年初我去南加州办事，回到了它的第一家店。像往常一样，一进门便受到了热情的招待，我很快认出引座的女孩曾在另外的门店工作，她的爆炸头别具一格。她是来自海地的移民，曾经一边学表演，一边在餐厅打工，后来全职加入这家餐厅，主要负责运营工作。"哈喽，你好呀。我记得你原先是在比佛利山庄那家餐厅上班的，对吗？"我主动跟她打了招呼。

"哇！我记得你！你怎么这么久都没有来餐厅呢？"她依然友好热情。

我告诉她几年前我已经搬回中国，但每次出差依然会来，还提到很喜欢比佛利山庄餐厅的歌单。女孩听到后很自然地从手机里找到歌单跟我分享，同时有点感慨："几年疫情，公司不得不关闭了那家餐厅，但是，"她有点骄傲，"公司留下了几乎所有员工，一些人负责支持其他店，还有一些人开始探索线上业务。过去两年很不容易，公司战略并不清晰，营收状况也不好，还好我们坚持下来了，一切都在慢慢变好……"

我愈发好奇："那公司是怎么坚持下来的呢？虽然关了店，但毕竟还有这么多人，况且启动新项目也需要资金。"

"我们所有员工都自愿降工资，从管理层开始。"

"你们是自愿的吗?"

"当然了,公司决定让所有人留下来,还继续为大家买保险,我们当然愿尽微薄之力,跟公司一起扛过去。"

关店不裁员,开不出工资员工也不走,这些听起来有点像天方夜谭,但我却不惊讶。组织与领导力咨询公司 Navalent 贯穿十年追踪两千七百多位企业家的研究表明:虽然强大的决策能力和纵深的行业知识是优秀企业家的显著标志,但这些还都不够塑造一个伟大的企业家,那些最拔尖的企业家还善于构建稳固强大的关系,而这些关系能够经年累月不倒,是因为他们具备这样的心灵特质——**善良与慈悯**。星巴克、西南航空、Trader Joe's、领英的企业文化都包括善意,并会进行感恩、慈悯、慷慨相关主题的员工培训。

专门研究慈悯的斯坦福学者莫妮卡·沃莱恩(Monica C. Worline)、简·达顿(Jane Dutton)、拉金德拉·西索迪亚(Raj Sisodia)在《唤醒职场同理心》一书中提到:慈悯和同理心为企业带来的福音——除了能够增强企业抵御外界风险的能力,提升顾客、供应商、员工等所有相关方的好感和忠诚度外,还能够加强企业的创新能力、适应性、复原力,激励员工主观能动性,提高员工工作效率,促进跨部门沟通与协作等。

这些培训的第一受益人是公司的员工,当员工真正被善待,才能带着饱满充盈的状态,用心服务顾客,才能温和理性对待上下游的供应商、服务商,以及跟公司发生联系的所有组织和个体。当我们被温柔相待时,我们的内在会产生爱的涟漪,身体会记住这个温柔的体验。

职场慈悯的四项基本能力

关注（Noticing）：对于职场突然出现的一些非同寻常的细节给予觉察和关注，例如从来不迟到的员工突然连续迟到，且显得很疲惫。

诠释（Interpreting）：对于所关注细节的理解，员工连续迟到既可以理解成"屡次犯规、藐视纪律"，也可以带着好奇心和不评判的态度去探索其他可能性，例如将其理解成"可能 TA 家里最近出现了一些突发事件"或者"日常工作已经无法为 TA 提供需要的成长和挑战"等，可以创造机会找到 TA 单独沟通了解清楚具体原因。阻碍慈悯的诠释包括假设、评价、评判和偏见，例如认为"连续迟到的员工一定不是负责任的员工"，或者"迟到说明员工无法搞定工作生活之间的平衡"。促进慈悯的诠释则是事先给予所有人"无辜"的假设：TA 是可靠的、诚实的、有能力的，偶尔出现的过失一定事出有因，有情可原，然后给 TA 充足机会做出解释和澄清。

感受（Feeling）：如果员工家里真的发生了意外，例如了解到她的家人得了癌症，并且刚刚做了手术，她每天晚上都需要去探望陪护。当公司知道这些信息时，大家有何感受？或者是否被给予一个与自己的身体和感受联结的机会？一家奉行慈悯文化的公司在其员工遭遇灾难和挑战时，会安排心理工作坊，邀请相关员工及其同事通过正念觉察自己的情绪与感受。当遭遇发生时，创伤不仅仅只发生在亲身经历的当事人身上，也会影响遭遇的见证者、照顾者和其他相关方，我们需要照顾好所有可能因此受到影响的个体。我们要传播慈悲的种子，把所有时间和注意力都给予经历磨难的员工，积极深入地倾听，让 TA 更有安全感，更加坦诚地沟通自己的情况和需求。

行动（Action）：充分了解员工的遭遇后，如何展开行动给予员工最切实的支持，是组织慈悲执行力的体现。慈悲也有温柔的慈悲和勇猛的慈悲。如何安抚员工及其家属的情绪？如何有效开展救济行动？速度、效率、资源广泛性、渠道多元性都是衡量维度。一个拥抱慈悲文化的组织里，当员工出现类似情况时，公司人力资源部门会有专人关注，从公司层面给予救济，例如保证员工工作稳定性，持续为家庭提供医疗保险和报销凭证，了解员工具体需求，逐一回应；部门领导会协调工作，减轻 TA 的工作量，批准灵活的工作时间，并支持和鼓励部门同事关怀、探望，了解情况，在需要的时候，组织员工募捐等。

然而，目前在大多数公司，慈悲在以上四个维度得到全面贯彻非常困难。我跟多家公司的管理层和人力资源主管交流时发现，最困难的是"诠释"和"行动"两个环节。慈悲的"诠释"大致可以理解为做出有助于员工的假设，提升对错误的宽容度，充分信任员工——一位消费品行业人力资源资深专家告诉我：这点虽然跟很多公司用人的底层逻辑是冲突的，但对于真正想要拥抱慈悲文化的组织，依然能够进行尝试推广，尤其是年轻的规模还不算大的公司，创始团队的理念和风格起主导作用。然而，"行动"环节的挑战可能会更大，因为并不是所有公司都拥有可供支配的丰富资源，更多公司处于生死存亡期，一个员工一个坑，如果一人无法胜任，公司业务就要断档，这个时候必须进行人事调整。

处于各个发展阶段的不同公司，对于资源的掌握和调控也不尽相同。企业文化是从种子和根上生出来的，也就是说公司成立那一天，哪怕只有一个人，那么这个人可以种下这样的种子：对自己慈悯，对公司的挑战、自身的遭遇给予觉察，承认共通性，接纳自己不完美，接纳所有公司都会遇到类似挑战，并且温和友善地对待自己。每多录用一位员工，就对 TA 慈悯，对 TA 可能存在的挑战、面临的遭遇给予深切的关注，客观的诠释，从情感上关注回应，用行动去支持。不管行动是什么，有资源出资源，有时间出时间，有深情厚谊就送温暖。

如果有一天组织越来越大，可能无法层层贯彻，面面俱到，也无法人人善意，事事慈悯。当我们无法控制组织的走向时，至少还可以绘制自己的慈悯蓝图，拥有自己的善良指南针，让自己活在慈悯的时时刻刻。每个人都有能量小宇宙，都能感召至少身边的几个人。不要小看这几个人，因为能量是可以传递的。当善意和慈悯升起时，首先滋养的是我们自己，而那个接受善意和慈悯的人，会把这种能量传给下一个人。在法学院找律所实习时，我的老教授杰罗米·科恩（Jerome Cohen）为我写了推荐信，我拿着推荐信说："谢谢您，科恩教授，我欠您一个人情，需要我的时候您随时喊我。"

他立马纠正了我："不，你什么都不欠我，把这份人情给下一个需要帮助的人吧。"

二十一岁毫无工作经验的我，拿到了国际知名律师事务所的工作邀请，教授的背书无疑起到了关键作用。将近二十年间，科恩教授的话时常在耳边响起，激励我把那份慷慨和善意传递下去。我成了多个初创企业的顾问和导师，支持年轻创业者的成长，不求回报，不计得失。毕竟，送人玫瑰，手有余香。

扼杀职场慈悯文化的因素

慈悯的种子需要特定的环境才能生长。沃莱恩及其同事提到以下这些因素会扼杀职场的慈悯文化：

1. 当公司文化拥抱的是公平、尊重、正义、稳定的反面，或者喊出的仅仅是口号，在实际运营中则有大把反面案例：知行合一对于公司来说同样重要。

2. 当公司过于害怕承担风险，公司员工过于害怕犯错：容错空间、试错成本需要提升。

3. 当运营出现问题时，公司领导总是责备团队：领导必须主动担责。

4. 当公司员工超负荷工作，承受巨大压力：警惕因为高压忙碌导致怜悯疲劳和职场倦怠。

5. 当公司领导以个人利益为重，公司宣传内容缺乏关于慈悯、善良、慷慨的内容：记录和宣传企业想要建设的文化故事。

6. 当公司员工普遍注重的仅仅是个人利益：上行下效，领导的示范作用、用人原则和考核标准都至关重要。

每个团队招人都有看不准的时候。对于一家追求效率的公司，遇到不合适的员工,"长痛不如短痛""速战速决""在试用期内干掉"是人力资源部门亘古不变的忠告。如果公司风险意识过强,法务和律师往往建议管理层在裁员时一定不可以道歉,哪怕辞退员工是由于公司方面的原因造成的。在互联网大公司最近一轮裁员中,年龄偏大的员工就有更大可能被"优化"掉。两年前,Joey 在互联网大公司做运营,团队有几位年龄四十岁以上的员工,他们工作很出色,但因为年龄劣势裁员风险很大。我问当时任团队领导的 Joey 想要怎么做。他说:"要去向老板证明这几位员工所负责的是核心业务。"

"如果还是不行呢?"我问。

他回答说:"那就把我干掉,留下他们。"

"如果这招行不通呢?"

"那要给他们争取最大赔偿,并且,"Joey 停顿了一下,坚决地说,"并且一定要让他们知道,这不是他们的错。"

有时,黑与白的界限并不那么清晰,或者界限被人为弄得模糊了。对于处于弱势地位的个体,有担当的公司和企业家会更愿意明确责任,承担过失,尽力补偿,而不是为了颜面和安全。

招募符合公司文化、理念、价值观又很有能力的小伙伴,教他们勇气和担当、慈悯与合作,然后全然相信他们、依靠他们、包容他们。这两年,我正好在运动健身品牌露露乐蒙(lululemon)做大使,能够了解门店经营日常,见证一个品牌倡导的价值观是如何深入人心的。在杭州大厦门店,我看到的首先是承担责任,以正直与诚实行事;还有培养勇气,去捍卫自己和团队坚持的东西;不遗余力地创造联结，在内部不断增强信任，支持伙伴们去成功，在外部创造多种与顾客和潜在顾客联结的方式，如品牌联名、热汗活动、社区互动、社群运营等；把积极和欢乐注入工作，门店生活总是欢声笑语；最后是包容，让每个人都有归属感。在露露乐蒙，团队小伙伴不仅会做好份内的事情，还会向彼此伸出援助之手，在完成工作的同时，投入社区与顾客一起热汗，还会跟同事伙伴们相约运动、团建。在我所参加过的露露乐蒙的所有内部团建中，都有深化联结的环节，发现伙伴们身上的闪光点，还会向彼此表达感谢。每次聚会都是精心的时刻，每次沟通都充满真诚和包容，每认识一位新伙伴，微信的交流不是寒暄，而是走心才能触及的深处。全国大使聚会上，我抱着店长嘉纭写给我的信哭了，她记得我们相识一年以来，我在不同场合说过的每一句话，我的脆弱与坚强，她都记得。还有团队伙伴们写给彼此的话，大家那么辛苦，要工作、做活动、热汗，但依然能为身边的人全力以赴，哪怕是用并不擅长的方式表达，也能让最质朴的真心铺满字里行间。成为露露乐蒙大使，我成了更加幸福的人，也因为跟一群幸福的人在一起，我们想让更多的人幸福。

还有公益机构有灵且美。每一位经过层层面试加入机构的小伙伴是不需要怕犯错的，即使失手也有"免死金牌"，因为创始人欧阳晨曦相信：来到这里的每个人都是有能力的，善良的，值得信任的，是有成长和提升空间的。有的小伙伴在试用期内无法胜任约定的职责角色，晨曦能够观察到TA的长处，真正做到"因人设岗"，让TA放手去做擅长的事情。如果小伙伴有情绪压力，晨曦首先会从自己身上找原因：作为机构领导，她的一言一行到底激发了小伙伴的潜能，还是限制了 TA 的成长？晨曦会做很多关于自己的内在工作，接着跟员工进行一对一沟通。很多沟通走得深了，就会涉及原生家庭创伤和习性反应，这些通常是职业经理人不愿触及的沟通，但在有灵且美的组织里，当大家越来越紧密地协作时，这些坦诚和深入的沟通是绕不开的。

让我感触颇深的是晨曦决定请一位小伙伴离开。在做沟通之前，我们通了电话，提了两个可行方案：一个是安全的方案，用的是人力资源专家建议的职场话术，给的是不痛不痒、无比正确的反馈，为了多快好省签下解约合同；另一个是真诚的方案，是姐姐给妹妹的贴心话，为了让妹妹在这个世界少走些弯路。晨曦选择了后者。除了至亲，这个世界上几乎再没有第二个人能给出这样坦诚犀利的反馈，但是晨曦可以。在这场耗时三个钟头的艰难对话后，晨曦告诉我结果很好，还把这次成功的沟通归因于"这位小伙伴可不一般，她可以接住我所有真诚的反馈"。女孩哭了一下午，用光了提前准备好的两盒纸巾，但是"很有收获"，并且"希望以后依然能够以志愿者的身份继续支持有灵且美服务女孩的事业"。晨曦平静地讲述着这个故事，还给我看了准备送给女孩的告别礼物——马蒂斯展览衍生品《被爱填满的心》手账本。那一刻，我的心也被爱填满。我在商学院读过很多经典的沟通案例，却没有任何一个如此打动我，或许因为那是我们能期待的最理想的沟通结果，又或许因为我们触碰的是真实的生命。

晨曦完美阐释了温柔和勇猛的慈悯力量。看着她从一个人单打独斗，到带一个人、两个人，直到现在拥有一支兼具战斗力和同理心的团队，我看到她经历的种种痛苦和内耗。但在一次次勇于突破个人舒适区的尝试中，她炼成了直面痛苦的心灵韧性。一个拥抱慈悯的机构是无法不痛苦的，因为慈悯发生于命运陨落之时，表现为对于自己或他人遭遇的深切关怀，以及想要去缓解痛苦的意愿和行动。但正是因为这些痛苦，人与人之间才能缔造如此深厚的理解和联结；正因为要一起穿越这些痛苦，人们才能够彼此看见，相互托起，实现个人与组织的转化和超越。

当我们决定去直面痛苦时，不管是个人的还是组织的，因为有自我关怀这个温柔又强大的资源，获得新生的我们必然更加勇敢坚韧。对于自己的疼，采用自我关怀三元素：**正念觉察＋共通人性＋善待自己**。当觉察到痛苦时，给自己创造一些空间，允许自己受苦，接纳不完美，并在痛苦中尝试连接共通人性，同时善待自己。

以下是一些公司培训中常用的练习，可以帮助提升这些品质。在进行组织内部共创和分享的过程中，请创建非评判的分享环境和平等的表达机会。

练习：创建职场慈悯文化

1. 共享故事：让每位成员分享个人故事或面临的挑战。这种练习可以帮助团队成员相互理解和感同身受，从而增强同理心。

2. 角色扮演：通过角色模拟不同的工作场景，让员工体验他人的角色和挑战。这有助于员工从不同的视角看待问题，培养对他人情况的理解和同情心。

3. 慈悯挑战：设立一个为期一周的慈悯挑战，每天给员工一个小任务，例如对一个不经常交流的同事表达关心，或是帮助他人完成任务。

4. 特定培训：定期举办针对于员工和高管的相关培训，如将慈悯与利他纳入公司文化的高管共创工作坊，文化多样性和包容性培训，非暴力沟通培训，正念与自我关怀的培训等。

5. 冥想训练：慈心冥想可以发展对他人的善意和慈悯，减少工作压力和冲突，促进积极的人际关系；正念冥想能够帮助员工有意识地调控注意力，达到放松减压的效果。

养育中的自我关怀

把自己重新养育一遍

二十多岁那些年,我根本不想生小孩,因为我是一个进食障碍症患者,还有广泛性焦虑症、抑郁症,我连自己都搞不定,怎么可能搞得定孩子。后来,我走上了自我疗愈之路,学习正念、自我关怀,并找到了支持我内在探索的伴侣,过上了理想的生活。我以为在成熟的年龄和心态下生娃,总归要喜乐平顺。没想到,在养育女儿焦糖的过程中,我跟着她把自己的幼儿和童年又经历了一遍。自己曾意识到的和没意识到的,解决的和没解决的问题,一股脑儿全部拎上桌面,暴露无遗。许多本以为淡忘的有关原生家庭的印记,像剥洋葱一样,一片片被撕扯开,里面有无奈的暖心的家庭回忆,有对父母突然就理解了的瞬间,也有害怕承认却又不得不面对的——看到自己成为小时候最不希望成为的样子。

一天,当焦糖路过商场柜台看见一个穿粉色泳衣的芭比娃娃时,执意要买,见我不同意,就立马躺在地上叫喊撒泼,我脱口而出:"不要撒娇,好好说话!"那个瞬间,我突然意识到自己的神态和语调竟然和当年妈妈对我说话时一模一样,带着烦躁的严厉。而就是这句话,让我从此不再撒娇,变得懂事、妥帖而顺从,却再也没有在父母怀中表达亲昵的回忆。而我又在重蹈覆辙,教女儿切断跟当下情绪的连接,而结果必然导致对自己情绪的不信任、隐藏或逃避——那是我花了很多年还在纠正的模式,我却在无意识间让熟悉的一幕在女儿身上重现。被我呵斥后,焦糖哭得愈发伤心了。我深深吸了一口气,默默对自己说:"当妈妈可不容易呀。所有妈妈都有这些自我怀疑又深感无力的瞬间吧。我可以对我俩都更好一点。"几个深呼吸之后,我明显感到胸口变轻松了,情绪也平缓了。我俯身把焦糖抱起来,说:"那个芭比娃娃可真漂亮,不光焦糖喜欢,连妈妈都很喜欢呀。"焦糖虽然没有马上不哭,但被共情之后的情绪立马发生了改变,她把妈妈当成了同盟,也不再对抗了。

荣格说,凡是潜意识中没有被觉察的那部分,终将以命运的形式向我们展开。幸运的是,觉察来得并不算太晚。在养育焦糖的过程中,我通过不断觉察旧有模式,对焦意图,调控注意力,培育自我关怀,把正念带入跟焦糖的互动,使新习惯在日常觉察和刻意练习中养成。在情绪低落、能量欠佳的时候,我依然会被旧习性带跑,但我会提醒自己:无须做完美妈妈,做个足够好的妈妈就行,不完美的那部分就让焦糖自己搞定吧,毕竟吃一堑长一智,就算栽个跟头,也能练习自我关怀,提升抗挫力。

对于把内在探索作为人生重要课题的我来说,生宝宝无疑是我今生做的最对的选择,养育给我带来了前所未有的挑战。在这个过程中我发现自己是可以脆弱的，也是可以抵抗的，执着也好，评判也好，都是可以被接纳的。怎样养育，由谁来养育，都不重要，重要的是我的意图：我究竟想养育一个怎样的孩子？又想拥有怎样的育儿体验？

我希望焦糖健康、欢乐、正直、慈悯、勇敢、自信，最重要的是，我希望她有安全感，完全接纳她自己是谁，知道自己的需求，既可以给自己支持，也能够向别人求助。

我知道焦糖是不会对我言听计从的，我的养育目标未必能全部实现，但是，孩子们会模仿他们的父母。世世代代，祖辈流传下来的最有效的规训，不是严辞律令，而是言传身教。对焦糖的养育意味着我需要把自己再养育一遍，活出希望她长成的样子。那何尝不是我对自己的期待呢？我要谢谢我的女儿，她的出生让我有机会重新面对那些做错或无解的生命课题，这次就让我们母女俩共同切磋，交一份足够好的答卷。

养育自己的必修课是自我关怀

如果说养育孩子的关键在于养育自己，那么养育自己的关键就是自我关怀。内夫博士提到自己有一个自闭症的儿子罗文，他长到八岁了，却依然在公共场合大吵大闹，许多不理解的人都会投来异样的目光，这其中不乏评判和傲慢。这种局面总会让内夫博士坐立不安，她既怨恨别人不理解罗文，也因无法控制罗文感到极度挫败。可她越是紧张焦虑，罗文的举止就愈发古怪不受约束，直到有一天她决定好好关怀一下自己，用到了自我关怀三句箴言。当罗文又吵又闹时，她开始对自己说："噢不，这真是一个糟糕的时刻，但是克里斯汀，你并不孤单，没有人的生活是一帆风顺的，所有人都面临这样那样的难题。悲伤难过都是被允许的，此刻，你很安全，我会这样陪着你。"当她进行自我关怀时，罗文也慢慢归于平静。这简直不可思议！之后遇到类似的情形，就算罗文需要支持，她依然会先把注意力放在自己身上，做一套自我关怀练习把自己的电充满。孩子们的洞察是极其敏锐的，妈妈的状态会潜移默化地影响他们，当妈妈能量稳定而充足时，他们也会放松下来。

这个方法我亲测有效。焦糖大概一岁多刚吃辅食的时候，开始学习跟食物玩耍。食物是她最亲密的朋友，她会把食物抹在额头上、耳朵上、头发上、胸脯上，还会把面条甩在墙上，把馄饨摔在地上，我们越是生气，她就越是嚣张。

有一次，我从厨房出来，正好看见她把小碗举起来，就大声说："焦糖，把碗放下！"我的命令中透出焦灼和紧张，可是焦糖完全不为所动，盯着我的眼睛，笑嘻嘻地将碗倾斜，直到里面打成烂泥状的西兰花滑落在地上。我赶紧去捡西蓝花，不然"哥哥"焦圈儿就会扑上来，还会去抢妹妹手里的其他食物。就当我蹲在地上收拾时，头顶开始发热，然后绿色的黏稠的汤汁从我的额头流下来，接着啪的一声响，焦糖把绿色的小碗扣在了我头上。那是我刚洗过吹干还加了香喷喷的护发精油的头发，我一个小时后有个重要会议，可是我现在闻起来就像是一罐小磨香油。我又生气又伤心，心里恨极了这个小恶魔。就在我要冲她咆哮的那个刹那，我从餐桌对面的窗户里看到我自己：眉头紧锁、腮帮鼓鼓的样子，像极了青蛙，还是一只头戴绿帽子的气呼呼的青蛙。在这个觉察空间里，我尝试放松下来，决定不去给焦糖的表现注入能量，而是给自己一些自我关怀，我在心里对自己说："亲爱的，你也太倒霉了，不过其他妈妈肯定也遇到过类似的情况，只是被扣在她们头上的不一定是只绿色的装满西蓝花糊糊的小碗⋯⋯听起来，我这个应该还不算是最坏的。"想到这里，我竟然笑了，一旁的小焦糖也跟着我咯咯咯地笑了起来。她笑得那么天真和纯粹，丝毫不像要搞恶作剧整妈妈的样子。其实一岁多的宝宝哪会故意跟妈妈作对，她只是单纯觉得好玩而已。当我选择走出大脑编织的剧情时，我也不再是她的受害者。我开开心心地洗头换衣服，焦糖也顺顺利利地吃完了饭。

这只是我们母女"相爱相杀"的一个小片段。因为有正念觉察和自我关怀，我首先能保证自己很好，当我好的时候，她也会很好。

理解和表达自己的需求

焦糖进入了"可怕的两岁"后，就更不听话了。"焦糖，你的玩具怎么又没有收好？""焦糖，脏手不可以拿东西吃！""焦糖，快把外套穿好，不然我们就迟到啦！"我们对她的要求明显增多，但她却我行我素，要么无期限拖延，要么直接发脾气。有一天，我正在尝试说服她整理自己的玩具，胡萝卜大棒轮番上阵，但她完全不理会，只是继续涂鸦。这时 Joey 从卧室出来，看到玩具散落一地，随口说："焦糖，这里连个落脚的地方都没有，爸爸要是踩到你的玩具摔倒了怎么办……"没想到，焦糖放下手中的笔，立马去收拾 Joey 脚下的玩具，接着又开始收拾其他地方的玩具。我丈二和尚摸不着头脑，不知道 Joey 的话中究竟哪个词语有魔力。

又有一次，我跟 Joey 在讨论出差安排，焦糖想要我跟她一起看绘本，我说："宝贝你先自己读绘本，妈妈一会儿就来陪你。"但她直接坐到了我的腿上，翻开绘本："妈妈你来讲《我爸爸》的故事吧。"我说："你先自己看一会儿……"话还没说完，她就哇哇哭起来。我说："焦糖，妈妈需要跟爸爸讨论一件重要的事情，等我们商量好就来陪你好不好？"没想到她乖乖地从我腿上跳下去，坐在自己的椅子上，安静地看绘本。我跟 Joey 面面相觑，眼神里全是赞叹的光。过了一会儿，焦糖抬起头问："妈妈，你跟爸爸商量好了吗？"

原来，焦糖完全理解我刚才的话，她不再吵闹就是在满足我提出的需求。上次 Joey 没有命令她收拾玩具，而仅仅是阐述一个跟自己有关的事实。我在脑海中飞快搜索平时跟焦糖讨价还价的场景，我沟通的内容不是命令（脏手不可以拿东西吃！），就是责备（玩具怎么又没有收拾好？），又或者是威胁（快点！我们要迟到啦！）。两岁多的孩子正处于人生第一个叛逆期，他们轻而易举就能听出这些话背后的意图。说这些话时，我的意图到底是什么呢？我想说是帮她养成好习惯，但其实最直接的意图是：焦糖，请你按妈妈说的去做，立即！马上！不然就会打破我的安排。于是，这些都是我的需求，而当我呼唤她的名字，要求她做事时，她敏锐地嗅到那并不是她的需求。**她能听进去的，是我直接表达自己的需求，而不是以她的名义。**

"焦糖，妈妈累了，不能陪你继续唱歌了。""妈妈想送你去幼儿园，但是妈妈上班要迟到了，要么我们快一点，要么妈妈今天就不能去送你了。""妈妈想去喝个咖啡，你能陪妈妈一起去吗？"当我开始跟焦糖表达自己真实的需求时，焦糖的配合度变高了，虽然她依然有古灵精怪的想法，也不是言听计从，但她的对抗少多了。

从这之后，我开始更加有意识地觉察什么是我的，什么是她的。有一天晚上，我和一位朋友在我家客厅跟海外团队开电话会，正好赶上焦糖准备睡觉。我早早跟她商量好，奶奶陪她回房间读绘本，哄睡觉。但是她一定要粘着我，只要我在会上发言，她就不停喊"妈妈"，还做出各种夸张的行为。我担心一旦回应，就会"鼓励"她继续搞怪，于是完全不理睬她。没想到她很快升级为哭闹，搅得会议无法继续。最终，焦糖被奶奶连哄带抱弄走了，谢天谢地终得安静。

会议结束后，在一边观察的朋友突然问我："如果你刚才回应焦糖，她会闹得更厉害吗？"

我当时本能地回答："是的。"

朋友接着问："以前发生过类似的事情吗？"

我一时不知该如何回答，并开始反思。我不理睬焦糖是一种习性反应模式，它源于先前的职场设定。我在律所、投行和商业环境都要求专业性，体现在开电话会要准时，提前做好准备，选择安静的环境，摒弃外界干扰，还要全神贯注地投入，给对方树立专业高效的形象。我本能地开启了这个社会角色的需求——跨时区协同工作团队的一员，而忽略我的自然角色需求——一个两岁半宝宝的妈妈。

朋友的提醒开启了我的内在觉察。我反问自己那个当下的意图是什么？是跟喜欢的人共创出有趣有意义的东西来。那么，顺其自然回应女儿，就是被允许和理解的。我本能没有那么做，是进入了习性反应模式，同时被限制性信念给困住了：以为如果回应焦糖就会显得不够专业。此外，焦糖的哭闹给了我更多压力，于是我的注意力变得狭窄，忘记了母亲身份的自然需求，忽略了更加宽广灵活的选择，对自己和女儿都无法保持慈悯。

之后，我依旧常在晚上开会，我会跟对方讲我有一个两岁半的女儿，可能中途要做出必要的回应。让我印象很深的一次线上会晤，是跟西方颇具影响力的正念导师初次见面，为了避免被焦糖打扰，我特意逃离客厅而选择了安静的小书房。谁知会议进行到一半，焦糖砰的一声推开门，直接跑来坐在我身上，对着屏幕张牙舞爪做鬼脸。我略微有点尴尬，但觉察犹在，几个呼吸之后，对焦了当下的意图：跟导师彼此介绍，相互认识。焦糖是我生命中重要的一部分，当然不需要赶她走，更不需要为这个"不速之客"道歉。我带着温和友善的态度将注意力集中在当下的话题，向导师介绍了小焦糖，导师热情地跟焦糖打了招呼，笑容可掬。神奇的是，从焦糖破门而入的那一刻，原本严肃干涩的对谈变得轻松而愉悦。导师还半开玩笑地说："我最爱这个年纪的宝宝，并且，我总是站在他们一边。"

给孩子最好的礼物，是培养她自我关怀的能力

除了自我关怀的言传身教外，对孩子表达同理心，就是在向孩子演示拥有一个爱她、支持她、接纳她的好朋友是怎样一种体验，将来她也可以"抄作业"学习这样对待自己。

有一次她要求吃第三个蛋糕被奶奶拒绝时，她哭了起来，奶奶说："不许哭，不许哭，哭是没有用的。"她哭得反而更凶了。我弯下腰，把她抱起来说："焦糖吃不到蛋糕，既伤心又委屈，还被奶奶拒绝了，有点生气对吗？"焦糖一边哇哇大哭，一边拖着哭腔说："是——的——""妈妈看到你的伤心、委屈和生气了。"焦糖把头埋在我的臂弯里，我捋着她软绵绵的头发，就这样安静地陪着她。过了一会儿，她抬起头，睫毛上挂着大颗的泪珠，说："妈妈，我不吃蛋糕了，我能喝点山药粥吗？""可以的宝贝，妈妈去给你盛。"

安静地倾听孩子的表达，在必要时帮助孩子识别情绪，并允许各种情绪的流淌，这就是同理心的体现。

焦糖出现大的情绪波动时，我都会安静地陪着她，跟她一起识别当时的情绪，并观察这些情绪从升起到消散。在做这些之前，我总会通过自我关怀的深呼吸，恢复稳定、充盈和饱满的能量，这样才能给焦糖更多的支持。我教她命名不同的情绪，用"我的表情变变变"或表情卡片等游戏工具演绎不同的情绪。在现实生活中，当她能够识别和表达情绪，并被看见和允许时，情绪就像流水，时而潺潺，时而奔腾，但无一例外都得到了表达和释放。当她慢慢将感

受跟这些情绪名称挂钩并讲出来"妈妈,我有点伤心/吃惊/开心/生气"时,她也就从情绪中解套出来了。

小朋友随着年龄的增长,语言能力会变得越来越好,但脾气并不见变好,反而更加叛逆。这是因为孩子大脑的杏仁核很大,前额叶皮层要到二十多岁才发育完全,所以冲动易怒,尤其是当防御体系被启动时,他们会不受控制地发疯,这些都是正常的。只有被温柔对待时,他们才会感到安全,才能从防御反应机制中恢复过来。当我们了解了孩子的大脑发育特点后,就能够理解孩子并不是故意要跟父母对着干,而是他们真的无法控制自己,也更能同理孩子的处境和无助。我们也可以尝试用温和友善的态度,邀请孩子描述正在发生的事情和当下的情绪感受,这样会把延迟反应的那部分大脑区域激活,以平衡理性与冲动。

陪孩子练习正念与自我关怀

几乎所有的正念和自我关怀的练习都可以带着孩子来做,尤其是识别和命名感受、情绪等练习。当我们能够描述内在发生了什么时,不仅对自己更有觉察,也能跟整个世界对话了。

感官探索:创建一个安全的环境,让孩子们用手触摸不同的物体(如软绒绒的布、凉爽的石头、粗糙的树皮等),并描述他们的感觉。目标是增强孩子的触觉感知和词汇表达能力,促进情绪调节。

情绪舞蹈:播放不同风格的音乐,让孩子们根据音乐的节奏和风格自由舞动，表达他们通过音乐感受到的情绪。目标是帮助孩子们理解和表达不同的情绪，增强音乐和身体的联结。

动物模仿：让孩子们模仿不同动物的动作和声音。这不仅能让孩子们运动起来，还能激发他们的想象力。目标是增强孩子的身体意识和协调性，同时提高情绪表达能力。

陪孩子练习时要注意，越小的孩子专注力维持的时间越短，且对一些抽象的表达无法理解。例如，跟一个三岁孩子说"轻轻吸气、缓缓呼气"时，TA也许并不能理解是怎样一种呼吸模式。因此，跟小孩子一起练习时，建议使用下面的小技巧。

描述可视化：让孩子能够清晰看到引导语的"效果"，例如把一条纱巾放在孩子的面前，告诉孩子"尝试用每一次吸气和呼气让纱巾轻轻摇摆"。

比喻的魔力："如青蛙一般静坐"这种表达非常生动形象地让孩子理解"正念冥想的样子"是什么样的。在引导时可以问孩子：青蛙呼吸时是什么样子呀？想象你自己就是一只小青蛙，盘起小腿坐在地板上，把双手放在肚皮上。想象你这只小青蛙吸气的时候，肚子一点点鼓起来，呼气的时候，肚子又慢慢瘪下去。

综合趣味性：在做感恩练习时，可以在花园里种一棵感恩树，每天在一片树叶上写下一个想要感恩的人、事、物；当植物开花结果时，可以把花朵或果实送给想要感谢的人。

利用小道具：除了刚刚提到的"表情卡片"，还有专门给孩子用的"瑜伽卡片""正念卡片"等。此外，在引导孩子进行想法或情绪"解套"时，可以借用一个容器，例如"伤心漂流瓶"，告诉孩子如果有伤心的事，就可以写在小纸条上，装在瓶子里。当孩子看见自己的情绪放在了容器里，也就完成了解套。同样的玩法还有"焦虑钱包""恐惧盒子""梦想花瓶"等等。

具身化练习（embodiment）：具身化练习是一种通过身体活动和感知来增强心理和情绪认知的方法。对于孩子来说，这些练习不仅能帮助他们更好地理解和表达自己的感受，还能促进他们的身心健康和提高社交技能。

有一些消极的情绪反应会储存在身体里。在自然界里，许多躲避风险的小动物，当风险因素消失时，第一反应就是抖抖抖，仿佛是要把那些恐惧、紧张、焦虑等情绪抖出去。舞动疗愈的一个重要部分就是通过身体活动，去释放一些负向情绪。

练习：毛毛虫身体戏剧

回忆一个最近出现的负向情绪，通过几个深呼吸回到当时的情景中，尝试探索情绪在身体哪些部位有所表达。当锁定这些部位时，假设也有一条毛毛虫（或者其他令你稍微不适的物体）在这些部位上爬，请用夸张的动作将它摆脱，最后再依次甩动双手、小臂、大臂、肩膀、头部、脚、小腿、大腿，接着随意甩动两个或两个以上的部位，直到全身不同部位一起自由摇摆。可以播放一些音乐。当你感到身体里的消极情绪全部被甩掉，或者心满意足时，就可以停止了。

亲密关系中的自我关怀

一个人最重要的是与自己的关系

在自我关怀培训中，总是有人发出类似的感慨："自我关怀好像是没有选择的选择——在没有人关怀自己时的下下策。"还有人说："自我关怀听起来好可怜，亲密关系中还要自我关怀的，估计都不怎么幸福。"但我所见过的亲密关系高手，大多是自我关怀的高手。他们知道人生的第一幸福责任人是自己，伴侣的体贴入微是锦上添花，万不能寄希望于别人。别人又没有读心术，哪能面面俱到呢？如果指望着别人满足你，迟早要落空。

跟自己关系的好坏，直接影响着亲密关系的品质，因为每一段关系里都同时存在着三种关系，即两个人的关系和每个人跟自己的关系。而跟自己的关系才是真正的基础。学会关怀自己、善待自己、接纳自己、宽恕自己，实现跟自己的和解，才能有能量去滋养对方，把关系准则变成"帮助对方成为TA想成为的人"，而不是"要求对方成为我想让TA成为的样子"，然后你会听见"啪"的一声，两个人的关系就好了。

一个人最重要的关系，始终是跟自己的关系。跟自己的关系包括四个部分。

第一是**保持独立自主**。独立自主包括拥有独立的人格，明白自己的价值不依附于任何人，也不取决于任何事；有在这个世界上谋生的能力；有独立做决定的自信和勇气，以及能够为所作所为承担后果的担当；永远尊重自己，相信自己拥有所需要的智慧，可以面对所有难题，可以托举自己。

第二是**成为自己最好的朋友**。做到这一点，无论在外面遇到怎样的风浪，我们都可以退回到自己的避风港，全然接纳自己，温柔抚慰自己，给自己打气、疗伤、积聚能量。我们还可以为自己庆祝，送自己礼物，精心安排跟自己的独处，肯定和赞美自己——总之，我们想要的被无条件地爱与接纳，都可以送给自己。

第三是**觉察自己的反应模式**。探索扳机反应带给自己的信息，揭示并疗愈过往的创伤。每个人都带着过往创伤的印迹，这些是我们需要去面对和处理的。当然，如果我们的伴侣能够理解、共情和接纳我们，就会促进我们的疗愈，但我们却不能理所当然地让对方去承担后果。

第四是**探索并满足自己的需求**。这些需求既包括每时每刻发生的每个具体需求，也包括跟价值观相关联的深层需求。一个好用的工具是"情绪晴雨表"。每当积极情绪产生时，我会停下来问自己：是什么需求得到了满足？同样，如果消极情绪升起，我也问自己：什么需求被忽视了？如何给自己所需要的支持呢？这需要对自己非常诚实,放下面具和伪装,脱离身边人和社会主流观念的影响,跟自己的身心感受去连接,看见自己的需求,承认它们的存在,还要勇敢地行动,让自己的需求得到满足。

以上四部分平衡发展,才算跟自己建立了不错的关系。

当冲突来临时,有技巧地沟通和表达情绪

当与伴侣发生冲突时,我们总会产生各种各样的情绪,有的是激烈的,有的是隐蔽的,不管什么情绪发生,都请允许他们的表达。但是,一些情绪很难在当下表达,例如夫妻俩发生冲突时孩子可能在睡觉,或者某些情绪(例如愤怒)可能温度太高,表达出来反而不易于解决问题。此时,我们可以选择创造性的方法来表达情绪,其中一种方法被我称为"乾坤大挪移"。我会告诉对方自己很生气,需要去消消气,然后挪移到其他空间,找到可以用来撒气的替代品(如枕头、布偶、靠垫)一顿拳打脚踢。这是一种非常有效的释放愤怒的方法,并且对人对己都很健康。还有一些替代方法,例如跟身体相关的拳击、舞蹈、跑步,还有书写、绘画、裁剪,都可以让我们有效释放情绪压力。我们告知对方自己有情绪,同时没有造成关系的破坏。

接着,我们可以去觉察自己涌动的情绪到底想要告诉我们什么。情绪是有生命的信使,它们带着一些信息,来完成一些使命,只要被看见,情绪的使命就完成了一半;如果能够通过信息了解自己未被满足的需求,那么情绪的生命旅途就圆满了。

当我们了解自己的需要后，就要跟对方表达并寻求支持。这个步骤十分必要。不然，两个人就会为同一类矛盾反复争执，那个未被满足的需求就变成一个定时炸弹，会随时引爆，威胁两人的关系。

当我们被情绪所困时，沟通可能带着责备、评判的口吻，这样会启动对方的防御体系，阻碍倾听和表达，让沟通难以进行下去。在沟通之前，先用自我关怀给自己空间和安抚，等我们的情绪慢慢舒缓之后，再去进行沟通。

沟通的时候先描述事实，只是把事情发生的经过描述一下，不要有自己的推测或假设，只是客观地说，什么时间、地点、发生了什么事情，谁说了什么话，双方有什么反应。接着讲你的感受，感受是不能被反驳的，伤心就是伤心，难过就是难过，甚至可以说："我感到你对待你妈比对我好。"如果省略"我感到"这几个字，就变成了"你对待你妈比对我好"：首先这是一个假设，假设用陈述句来表达是不准确的；其次，假设可能跟事实相悖；更重要的是，把假设当成事实来说，带着评判和指责的口吻，很容易惹火对方，无法达到沟通的效果。但是仅仅说事实给自己带来的感受就可以唤醒伴侣的同理心，让对方也感同身受。在此基础上，向对方提出你的请求，不是命令或责备，而是邀请对方体会自己的困境，拉自己一把。这是一个坦诚的、平等的、展示脆弱感的沟通：我们需要勇气去展示脆弱感。同时，展示脆弱感和表达请求都带有不确定的风险：万一对方拒绝我怎么办？如果 TA 依然咄咄逼人怎么办？会不会让 TA 觉得自己赢了？

的确，沟通需求是有风险的，但是我们别无选择。持续压抑需求无法给我们长久美好的关系，产生冲突时，我们需要迎难而上，相信对方有接住我们需求的能力。许多伴侣就是在这种磨合中，变得更有默契。

爱情最真实的样子，是勇于表达自己的需求，并不断满足对方的需求，而不是一直压抑自己的需求，并在闷闷不乐和愤愤不平中消耗彼此。如果双方的需求发生冲突，可以通过下面这样的"头脑风暴"练习来化解。

1. **确立目标**。两人找到冲突的核心，确立头脑风暴要解决的问题，确定目标和内容。

2. **沟通需求**。两人依次说出自己的需求，一个人说完自己的全部需求后，另外一个人再开始说自己的。

3. **头脑风暴**。两人依次成为彼此的"军师"，一起头脑风暴如何满足这些需求。在这个环节，我们尽管发散思维，去发掘和创造更多的办法，不评论更不否定任何想法。每个碰撞出来的方法，都写在白板或一张大纸上。

4. **评估方案**。对于头脑风暴出来的方法，双方一起评估讨论，选出一致赞同的方法，并用特别的符号标记出来。

5. **制定计划**。制定具体的行动计划，具体到由谁、在什么时候、做什么等。

6. **追踪复盘**。设置时间节点，对行动效果进行追踪和复盘。

> **练习：头脑风暴解决冲突**
>
> 如果之前没有尝试过头脑风暴，初次使用时，可以找一个积极的话题，例如如何让一起旅行中的两个人都心满意足，玩得尽兴。通过头脑风暴，双方有机会明确各自对本次旅行的期待、最想完成的打卡以及其他想做的事情。

头脑风暴将设计思维的方法论运用在争端解决中。当我们把思维打开，注意力就变得宽广，为对方出谋划策会让自己走出原先单一狭隘的视角，站在对方的立场，为对方去考虑。在这个过程中，大部分冲突都会找到解决方案，对于当下无法解决的棘手问题，双方可以约定再找一个时间讨论，还可以邀请双方都信任的、在这个方面有经验和智慧的朋友加入讨论。

放弃"改变对方"，而要觉察自己

当我们学会自我关怀后，就可以无所畏惧地觉察自己了，因为不管我们发现了什么（阴暗面），我们都会温柔地将自己接住。

我跟 Joey 刚在一起时，Joey 身上有我看不惯的地方，例如吃饭会发出声音，翻身恨不得把床架砸塌，上完厕所不把马桶圈放下。而我吃饭像猫一样安静，动作像猫一样轻柔，上厕所像猫一样爱干净。总之，我们很不一样。

起初，我认为自己优雅有涵养，就想让 Joey 成为我想要的样子，矫正一切我看不惯的地方。但当屡次尝试依然未果时，我突然明白，好的婚姻，没有原谅，只有算了。这是因为，在亲密关系中，逻辑和对错都没有意义。于是，我开始自我催眠：习惯本身没有什么高下，我们只是不一样而已，并逐渐忽略和接纳我们的"不一样"。

大多情况下，我的自我催眠很有用。当我看到"趾高气扬"站立着的马桶圈，或是深夜里 Joey 打呼噜把我震醒时，几个深呼吸之后，我就能心平气和，泰然处之。

直到一个阴雨连绵的早晨，我被家里的比格犬焦圈儿吵醒，发现它在客厅地毯上拉了粑粑。我捏着鼻子收拾完，又把地毯清理干净。回到卧室卫生间，我刚想喘口气休息一下，一屁股坐在了又湿又冷的陶瓷马桶圈上。"又是 Joey，上完厕所不把马桶圈放下来，我都说过一百遍啦！"那一刻，我心中升起一团怒火，听着 Joey 在床上酣畅淋漓呼呼大睡，我恨不得一脚把他踹醒。而恰恰就在那时，我有了一个顿悟：倘若这一切发生在我心平气和的时候，我会怎样呢？我会深呼吸，然后起身打扫，而服务的精神会不由得让我心情舒畅。

可是现在，为什么我像个愤怒的火球？原来，这一切跟 Joey 无关，跟焦圈儿无关，只跟我自己有关。外面，真的没有别人。

但是，我也并不会二次评判自己没有时时刻刻保持觉察。我允许自己被 Joey 激怒，也允许自己看见更加宽广的实相，更允许在看到"外面没有别人"时依旧没有消气。

我深深吸了一口气,对自己一口气说出了自我关怀"三句箴言":

"今天可真不容易啊!"

"估计很多姐妹们都对丈夫不盖马桶圈深恶痛绝,也会有不少人被陶瓷冰到……"

"我要找个时间跟他聊聊,不过还是先用新买的沐浴露把自己洗得香喷喷吧。"

神奇的是,当我对自己表达慈悯和接纳,说出这三句话时,我的心酥酥麻麻的,有点想哭又有点想笑。我想我心灵区域发生的化学反应是:自我关怀让心变宽广了,于是有了自嘲的空间。

在此后的每一天,除了继续接纳和欣赏我和 Joey 的不同之外,我更加有意识地探索内在世界,毕竟能改变的只有自己,放下非要不可的执念,就能最大化地适应和享受当下,做到"爱而不执"。如果做到了,我们会变得更亲密;即使做不到,我也愉悦地接纳自己。

说了这么多,又回到了原点:所有的爱情是两个人的演出,所以需要沟通磨合;但我们能控制的只有一个人,准确地说,只有我们自己的所思、所想、所行、所感。古典斯多葛学派一直奉行的原则:只控制我们能够控制的,那就是我们的内在。这也是西方现代爱情哲学主张的:最重要的关系,是你跟自己的关系。(The first and foremost relationship is the one with oneself.)

我希望所有读这本书的人都能遇到良人,都拥有完美的关系,不心碎、不受伤,被保护、被滋养。但我知道这不可能,再美好的关系也有冲突,再对的人也有错的时候。放下对完美爱情的执念,把心敞开,让爱流淌起来。一切相遇因缘而起,一切变化在转念之间:内在探索是这个旅途的开始,自我接纳是探索的第一步。

这个练习来自经典冥想练习 RAIN,这个缩写词四个字母分别代表 Recognize(识别)、Allow(允许)、Investigate(探索)、Nurture(滋养)[1]。

练习:自我接纳 RAIN

请找到一个近期发生的,给你带来负向情绪的事件,请通过几个深呼吸去回顾当时的情景,观察有什么人在场,具体发生了什么,谁说了什么话……请让自己进入当时的情绪中。

我们先从识别开始,问问自己,你的内在正在发生什么?花些时间去识别你对整个情况的感受,你有怎样的情绪?情绪背后是什么想法?这些情绪又在哪些身体部位呈现出来?

接着,允许事情就这样发生,对一切给予接纳,包括事件本身和我们对此产生的情绪、想法和感受。你可以默念"可以的"或"让它去"。

---

[1] 最初,RAIN练习中的N代表Non-identification(不认同)。后来,正念导师塔拉·布拉克(Tara Brach)用Nurture(滋养)取代并推广。

> 下面，温和探索，请带着好奇心向内多走几步，去了解究竟发生了什么，从感受最伤痛最脆弱的地方入手，问问他们：你需要什么？你想要告诉我什么？你希望我如何对待你？你想要被接纳、理解、宽恕或是爱吗？
>
> 最后，滋养受苦的部分，你可以运用学到的自我关怀方法回应TA的需求，轻轻地拥抱自己，给自己信心或祝福，对自己说"你很棒"或者分享明智的建议。
>
> 正如雨后的一切都焕然一新，在RAIN的余波中，你也变得更加自由、清晰、充满活力和创造力。

在我的亲密关系中，Joey不光接纳了我的进食障碍，还接纳了我所有特征——恐惧，逃避，急躁，固执，沉迷追剧，电话总是关静音，不爱收拾——我所有不够好的地方，都在Joey那里获得了理解和宽恕。这几乎是一本教科书，让我模仿他的方式对待自己：允许自己犯错，缺乏逻辑，丧失毅力，不够自律，不想进取，赖床摸鱼……我慢慢学会了放松，学会了谦卑、示弱和认错。曾经用来保护自己的冰雪铠甲终于慢慢消融，我感受到了铠甲下面的身体，感受到了它的温暖和柔软，我学会了接纳自己。而当我真正接纳自己时，我变得更有耐心、更能共情别人，从一个锋利的人，变成了慈悯的人。

> **练习：从爱人那里"抄作业"，学习如何爱自己**
>
> 观察和记录伴侣和家人关怀、体贴、接纳和爱自己的细节，通过模仿做给自己。

"人生若只如初见，何事秋风悲画扇。"纳兰性德的名句道出了很多人的心声：与意中人的相处如果永远能像当初刚认识时，该有多好。可是，琐碎的日常如此消磨，未来的日子遥遥无期，曾经相爱的人也经过岁月的雕刻，渐渐失去了当初的容颜。爱情，怎么能保持初恋的新鲜？正念中，有一个术语叫作 Beginners' eyes，中文翻译成"禅者的初心"。意思是说，不管我们做什么，走过千百次的小路、日日清扫的落叶、夜夜刷洗的碗碟，我们是否能像第一次经历那样，保持一颗好奇的、敞开的、接纳的心？

> **练习：爱情保鲜的秘诀**
>
> 回想你与伴侣的相识相知：你是什么时候爱上 TA 的？因为什么爱上 TA？今天的 TA，样子有什么变化？TA 又经历了怎样的成长？
>
> 找一个伴侣熟睡的时候，就像第一次见到 TA 一样，仔细端详 TA 的五官，问问自己如果重新爱上这个人，会是因为什么？

后 记

正念与自我关怀的哲学基础来自佛学经典，理论框架源于西方心理学，无数前辈在探索与实践中将其脉络梳理清晰。我仅仅是敞开心扉，将这些年学到的东西与亲身体验结合起来，去感受流淌于宇宙间博大深沉的爱，将生命臣服于这伟大的洪流。于是，这些文字洋洋洒洒飘落在纸上，有了自己的生命。这些流传千年的真知灼见需要被更多人看见、践行、发扬光大。

这本书不是教你所不知道的，而是去唤醒你本来就有的。我期待有那么一天，我们能把正念和自我关怀变成一种生活方式，我们的孩子会在这样的状态里长大。那一刻，我们会见证彼此的成长和智慧。

刚开始写这本书，我就骨折了，在床上躺了三个月，整天盯着悬浮在空中的左腿，我咬牙切齿地在心头呐喊："为什么是我？！"然而，马上有个声音反问："为什么不是呢？"命运就是让我去心灵深处探索，把痛苦和领悟都记录下来，包括一道道伤口，一个个错误。因为，自我关怀的学问不是书写出来的，也不是思考出来的，而是通过练习活出来的。

于是，我对自己说："每个人都会遇到这样的意外，请允许自己慢一点，稳一点。"我给了自己足够的耐心，承认自己也有脆弱的时刻，无论是身体或是意志，我都接纳。当身强体壮的时候，我很难领会夜不能寐的疼痛、百般挣扎与无奈、失去战斗力的脆弱与不甘，是骨折邀请我去体验——拓展了我对这种人间疾苦的认知，加深了我与遭遇同类苦难之人的联结，也教会我接受帮助、心怀感恩。

一些痛苦来自外界，还有一些源自内心，写书让我悉数领悟。错落的文字、此起彼伏的自我怀疑、杂草般丛生的限制性信念、丰富离奇的内心戏交织汇聚成为恐惧，如暗流涌动，让我面对电脑屏幕，半天也敲不出两行字。

因为有自我关怀，我敢于直面自己的恐惧。我看到了这种恐惧的源头是爱，是真诚而美好的心愿。我看到自己处在失控的边缘，焦虑而迷茫，也看到自己正在经历快速成长和令人喜悦的蜕变。我温柔地对自己说："这个过程本身就很难，很多作家的'第一次'也是在拖延与耗竭中循环往复。你只需要写完，把剩下的交给时间。"

自我关怀完全治愈我了吗？并没有。压力来临时，我依然会感到力不从心，还会肠胃不适，满脸爆痘。但我不再逃避，我迎接各种情绪，对结果负责，并接纳无常。面对催稿的压力，我尝试问自己：能否不焦虑、不怨恨？如果带病带领活动，无法发挥最佳水平，我会问自己：能否依旧保持热情？当我倾尽全力依然被质疑，我会问自己：能否抑制住想要证明自己的冲动，而去反思这件事究竟要教会我什么。只要我能不陷入习性模式,不让焦虑席卷我,不让恐惧劫持我,就是成功的一天。

静坐。回到那份宁静中,你也会找到高效、专注、无限的精力和创造力,还会在宁静深处跟慈悯之源联结,那里有最深沉与热烈的爱。

这是一段神奇的旅程,目的地是你的心,里面的宝藏是你的爱,自我关怀是你的铠甲和武器,是治愈你的药,是播种希望的种子,是人类未来的家园,是生命之洪流。去拥抱生活,彻底地靠近生活,包括那些不如意,苦难教会我们更多功课。你有一颗温柔和勇猛的心,随时安抚你、托举你、激励你、成就你。

我比你自己还相信你。我会在这里守护你的承诺,见证你的成功。

致　谢

这本书的出版，得益于编辑的看见，谢谢你成为传播智慧的信使。

感谢这条道路上的良师益友——斯坦福自我关怀课的老师 Shandra LaMotte、斯坦福大学 CCARE 创始人 James Doty，中国积极心理学发起人清华大学彭凯平教授，正念与自我关怀理论的奠基人 Kristin Neff、Christopher Germer，以及早年便把这些精髓呈现给中国读者的海蓝博士。感谢栽培我的正念与舞动导师 Jack Kornfield、Tara Brach、Daniel Siegal、Michael Baime 和 Melissa Michaels。

感谢谭校长、葛操教授、冯洁女士、飞行家、Haynes、大可、Nitin、小雅，致力于将正念与自我关怀引入企业与社群的决心与努力。感谢 lululemon、有灵且美和哈梨冥想主创团队给我的信任和启发。感谢 2060 Advisory 的苡憬、Julia，WeWork China 的孙雪、Faye 为我的写作提供支持便利。感谢盛楠、思潼、艺丹、小刀、初初为稿件提出的真诚反馈。

感谢父母、公婆的辛勤付出，让我专心创作，无后顾之忧。

最后，谢谢这一路携手相伴的 Joey。最初，是你用爱与慈悯唤醒了沉睡的我。然后，照着你关怀我的样子，我学会了关怀自己。

附　录

自我关怀常见问题 Q&A：

1. 什么时候要停止练习而接受心理治疗？

如果你现在正跟严重的心理障碍作斗争，有伤害自己的念头或行为出现，练习无法缓解你的症状，则需要专业支持，应到医院精神科进行诊断，讨论具体治疗方案。在治疗的过程中，你可以咨询医生是否适合进行正念和自我关怀的练习。

2. 跟不上冥想音频引导怎么办？

如果跟不上引导语对呼吸节奏的带领，可以仅仅把引导语当作一个辅助工具，把注意力带回自己的呼吸上，慢慢让呼吸细致、均匀、保持流畅自然，享受一呼一吸间的平静与喜悦。如果跟不上引导语的内容，可以暂停录音，完成书写或在脑海中构想所需的情境，等准备好再返回音频。你还可以选择先通读文字，然后完成练习，音频引导不是必选项。总之，跟不上节奏也无需对自己产生评判，请保持对自己的温和友善。

3. 自我关怀会不会让我逃避困难情绪，或拖延解决问题？

我们之所以要使用自我关怀，就是因为我们遇到了挫败和挑战，这个时候，我们可能身体不适，情绪受阻，能量水平低。自我关怀允许我们这样，还会温柔友善地给自己需要的支持和陪伴、耐心和空间。但自我关怀的目标并不是让我们躲在自己创建的安全屋里，不去面对现实的世界。启动自我关怀会帮助我们平衡威胁保护、驱力兴奋和安抚满足三大系统，让它们密切配合，通力协作，投入生活的战斗，并照顾好自己的心。你看，自我关怀不仅不会让我们拖延解决问题，反而能够温柔地鼓励我们直面问题，避免逃避。

4. 自我关怀与自尊心、自我怜悯、自我肯定、自我为中心的区别是什么？

自我关怀（Self-Compassion） VS 自尊心（Self-Esteem）

基于 Kristin Neff 博士的研究，自我关怀和自尊心是个体看待自己的两种不同方式。自尊通常基于对自己的评价，特别是在与他人比较时的优越感。高自尊通常与对自己的正面评价相关联，但这种评价往往建立在外在成就或社会比较的基础上。于是问题来了，不可能所有人都在比较中永远处于优势。在失败时，我们恰恰更需要自我肯定和认可，但自尊在此时就失灵了，反而让我们感受更糟糕。自尊的水平随着外部条件的变化而波动；自我关怀则提供了一种不依赖外部成就或社会比较的自我支持方式，它代表一种更为稳定、更有韧性的自我态度。它不要求我们保持完美，而是认为每个人都有优势和挑战。它让我们感觉良好并非取决于优越感，也不取决于目标的达成。它把我们从比较的游戏中抽离出来，而从与他人连接、联结、共创和共赢中获得激励。在面临挑战和失败时，当自尊对我们嗤之以鼻时，自我关怀依然会温柔地拥抱我们。

自我关怀　VS　自我怜悯（Self-Pity）

自我怜悯是一种消极的自我关注。它过分关注自己的不幸和痛苦，无法看到人类拥有的普遍情感和共同经历，造成与他人的疏离、割裂，导致我们沉浸在负面情绪中，无法采取积极的自我支持去改变自己的处境。自我关怀认识到苦难是人类共同的经验，因而能促进与他人的联结，它鼓励我们用温和的态度安抚自己，并带着勇气解决问题。

自我关怀　VS　自我肯定（Self-Affirmation）

自我肯定通过对个人价值观、优势或成就的积极评价来维护自尊水平和自我效能感，从而提升信心和积极情绪。自我关怀鼓励我们允许各种情绪的流淌，包括负向情绪。自我肯定鼓励通过积极思考来减轻负面情绪。自我关怀着眼于人类的共通体验，强调慈悯与联结。自我肯定则更多关注个人的价值和体验。在失败和挑战面前，自我关怀对我们无条件接纳，并引导我们关注共通人性的体验；自我肯定则通过加强对自己优势的认知，激励我们在挑战面前保持信心和积极性。自我肯定跟自尊类似，都是顺境里的朋友，而遇到逆境或挑战时，自我关怀会带着我们乘风破浪。

自我关怀　VS　自我为中心

自我为中心倾向于将注意力集中在自己的需求和愿望上，常常以牺牲他人的利益为代价。自我关怀并不意味着仅仅关注自己，它包括了对共通人性的深刻洞察，理解个人的经历是人类共同经历的一部分，认为所有生命息息相关，它促进了人与人之间的联结。相反，自我为中心导致对他人需求的忽视，不利于关系的建立和维持。研究表明，善于自我关怀的人不仅能更好地照顾自己，也能更有效地与他人建立联结，表达同理心。

5. 在自我关怀练习中，有时觉得不舒服，有时还会流眼泪怎么办？

你可能在自我关怀练习中体验到了"回燃"现象。如果我们长期忽视自己的需求，当我们开始关注自己的感受时，一开始会觉得尴尬或不适，这些都是正常的。随着练习的深入，我们会意识到平时疏于照顾自己的身心，当我们给予自己爱与接纳时，会回想起自己成长过程中不被爱与接纳的经历，这些都会让我们的心灵区域泛起波澜，而这些波澜里面也有慈悯的涟漪。如果只是轻微不舒服，你可以尝试与这种不适感共处，并允许自己流泪，体会心灵区域是否出现疗愈的能量？如果不适感持续加剧，尝试"觉察抵抗""应对回燃"和"迎接情绪暴风雨"等练习。

当你感觉好一些时，可以重新启动练习，把自我关怀当成一个探索内心的奇妙旅程，每一站都有惊喜，每一步都迈向光明。

6. 我发现自我关怀持续练习就会有用，但一段时间不练就忘记了，怎么办？

很高兴自我关怀的练习对你有用。听起来你一定做对了一些事情，让自己体会到自我关怀的益处！及时记录下来你的成就和经验吧，这些都是激励你坚持下来的动力。找到自己不练习的原因，是觉得不再需要自我关怀，还是练习动机不够强大呢？

自我关怀跟正念一样，都是通过日积月累的刻意练习，逐渐改变大脑的习性反应，需要持续练习。但是，我们依然允许自己偷个懒。自我关怀就是关注自己的需求。如果你想坚持下去，可以去看看心灵日记里的初心和意图，回想为什么来到这里，遇到类似的挑战如何去做……此外，我们在"如何养成正念的习惯"一节中提到，尝试让练习变得显而易见，有吸引力，容易上手，有满足感，例如以下方法：

（1）设置自我关怀提醒闹钟。

（2）打印并悬挂自我关怀语录。

（3）挑选喜欢的有用的练习，作为给自己的礼物而非任务。

（4）记录心灵的感受、收获的领悟、行为的改善，随时庆祝小成功。

（5）只要练习，就给自己小礼物。

（6）允许自己忘记，奖励重新开始。

7. 觉得自我关怀练习很好，如何带着亲人一起练习？

带着美好的意图，跟家人分享自己喜欢的东西，是一种慷慨。作为自我关怀教练，我诚实地认为每个人都需要自我关怀，整个世界需要更多慈悯。但我不得不承认，所有改变，包括学习和成长的意愿，总是由内生发的。就像一粒种子，如果自己没有生长的意图，外界的努力只会揠苗助长。但如果一粒种子见证过花朵的绽放和果实的丰硕，在播种的同时也会种下开枝散叶的心愿，一旦发芽必然势如破竹。这花果，就是慈悯与爱。只要你的内在状态改变了，你变得更加慈悯，充满爱与喜悦的能量，就自然会吸引身边的人。你就是自我关怀大使，向世界播撒慈悯的种子。当然，欢迎你跟亲人分享自我关怀的资源，包括这本书及音频引导。或许，某句话、某个故事、某个声音里就藏着一粒种子。

8. 从心底很鄙视自己，无法投入自我关怀的练习，怎么办？

面对自我鄙视的情绪，自我关怀是一个温柔且有效的方法，以下步骤助你开启这段旅程：

首先，承认自己的感受是真实的，并允许自己感受到它们。无须评判自己或认为"不应该"感到这样。情绪是人类经验的一部分，都是有价值的。

接着，去阅读"自我欣赏"的章节，写下欣赏自己的原因。还可以通过跟亲友对话，借助他们的眼睛看到自己的优点。把它们记录下来，时刻提醒自己闪闪发光的地方。

同时，请留意对自己的负向评价，记录出现次数最多的苛责或评判，请尝试"转化自我苛责"的练习，带着温柔的口吻重塑自我对话。例如，从"我什么都做不好"转变为"我尽力了，每个人都会犯错"。

此外，自我关怀可以从小事做起，比如给自己做顿喜欢的晚餐，早点上床睡觉，允许自己睡个懒觉，在大自然中散步。寻找让你感到舒适和愉悦的小事，建立起自我关怀的习惯。

最后，这一个过程需要时间和耐心。请对自己慈悯，庆祝每一个小进步。你会慢慢发现对自己的态度和行为在发生改变。

9. 我发现自己总是先爱他人，再爱自己，这有问题吗？要怎样平衡？

研究表明，80%的人会对他人更加友善。很多人都发现自己在学会爱自己之前，更容易先爱他人，这可能源于成长环境、个人价值观、社会文化等原因。有时，我们觉得通过爱他人，才能找到价值，获得认同。这反映出一种挑战：如何平衡对他人的关爱和对自己的关怀。

自我关怀认为，为了能够持续、健康地爱他人，我们更要学会爱自己。自我关怀可以增强我们对他人的爱、接纳和信任。当我们感受到满足和被爱时，也能更加充分地爱他人。很多人发现自己更容易爱他人，甚至通过牺牲自己的福祉来成全他人。但从长远来看，学会自我关怀将为建立持久滋养的关系奠定基础。这不意味着不能对他人表达爱意，相反我们要肯定和珍视这份美好的品质，同时在自我关怀的旅程中持续学习实践，为更深沉与宽广的爱蓄能。你可以在照顾他人的同时，尝试用小小的自我关怀行动照顾自己，可以是邀请朋友陪自己做瑜伽，享受自己喜欢的饮品；同时学习设立界限，保护自己的能量；最后，如果你对内在探索和心灵成长感兴趣，可以反思：为什么会觉得先爱他人比爱自己来得容易，这背后的原因会帮助你了解自己的深层需求。

10. 自我关怀让我平静下来，与内在的喜悦连接，但是它如何帮助我解决实际问题呢？

很高兴听你提到自我关怀让你获得了平静和喜悦。你的担心是自我关怀可能无法替你解决生活中的问题。自我关怀有两种力量，分别是温柔的自我关怀和勇猛的自我关怀。看起来，你已经熟练掌握了前者的技巧，给自己安抚和保护。这为你探索如何调动勇猛的自我关怀去解决实际问题，提供了安全的心灵空间。在解决问题的过程中，无论遇到怎样的挑战，你都可以回到这个空间。

在练习勇猛的自我关怀时，三元素依然会成为你的武器：正念觉察为你提供了对事实最清晰的认知，让你看到解决实际问题的重要性和紧迫性，因为你已不满足停留在平静和喜悦中，你需要用行动作出改变；共通人性为你赋能，也许这个实际问题涉及优化制度、维护公平，这不仅仅关于你一个人，很多人的生活都会因为你迈出的这一步获得改善；善待自己的表达就是勇敢地去行动，解决问题，获得成长和自由。

在这个过程中，自我关怀会启动安抚满足系统，也就是说你的大脑中负责学习和成长的区域会起主导作用，哪怕是遇到暂时的挫败，你也更容易将其视为隐藏的机遇，持续突破。一边给我们温柔安抚，一边让我们勇猛前行，在此期间，我们的心灵韧性不断强化，这就是自我关怀的魔法。

11. 与伴侣相处期间并不能得到满足,我要怎么做?

首先,我们都要认识到自己才是幸福的第一责任人,也拥有让自己满足的能力。如果寄希望于别人来满足自己,就好比把命运交给别人;况且,就算是我们的伴侣也不可能比我们更了解自己的需求,所以我们更有能力和资源照顾好自己。具体方法可以参考你的"自我关怀资源库"。

当然,在亲密关系中,我们总觉得对方应该更关心自己,更敏锐地洞察自己的情绪,更主动地照顾自己的需求,但是,每个人对于爱的理解是不一样的,对于爱的表达方式也不一样。盖瑞·查普曼(Gary Chapman)博士在《爱的五种语言》中提出了五种方式,它们分别是:

(1)精心的时刻:为伴侣策划生日派对。

(2)赞美的言辞:及时夸奖对方。

(3)身体的接触:通过身体触感让伴侣感受到亲密。

(4)服务的行为:例如给对方做顿饭、捏捏肩膀……

(5)用心的礼物:送给伴侣喜欢的礼物。

每个人都有自己擅长的表达爱的方式,对伴侣表达爱的方式也有自己的期待,但这里可能会出现信息错位,就是对方表达爱的方式其实是我们不熟悉和不理解的。

当你觉察到自己不被理解时,可以用自我关怀"三句箴言"的方法来安抚和照顾自己。还可以采用"慈悯沟通"的方法,跟伴侣沟通你期待TA用什么方式来表达爱。爱情最真实的样子,是勇于表达自己的需求,并不断满足对方的需求,而不是一直压抑自己的需求，并在闷闷不乐和愤愤不平中消耗彼此。我们在实战篇中也提到如何解决冲突，可以参考。

12. 自我关怀提到了共通人性，可是我不觉得被别人理解，如何面对这种孤独？

这是一个典型的自我关怀能够应用的场景。这个时候可以使用自我关怀"三句箴言"。

首先，通过正念觉察认识到自己正在经历这样的挑战，不被他人理解，内心很孤独。你可以对自己说，这真是一个糟糕的时刻，或者能够真实描述你的处境和感受的话语。

接着，让共通人性来陪伴自己。想想人这一生，是不是每时每刻都会被别人理解呢？我们又是否能完美理解他人或者所有状况呢？想到这里，你可以对自己说：很多人都因为不被理解而孤独地生活吧。这样想想，我们这些孤独的个体又因共同的苦恼相互连接，彼此陪伴，好像又没有那么孤独。

最后，探索善待自己的方法并用于实践。问问自己的心有什么想要，搜索你的"自我关怀资源库"，看看哪些方法可以支持你穿越孤独。对自己说：感到孤独的时刻，我更要对自己好一点。

如果在说三句箴言的过程中，你感到了心灵区域的能量变化，你可以双手交叠放在胸口，感受这些能量在身体不同区域的流动。你允许所有情绪自然地发生和消散，并欢迎它们捎给你的信息。在这期间，请给自己最大的耐心和善意，时间与空间。最后，练习求助，求助本身就是跳出自己思维的囚笼，尝试与人连接，这也是共通人性的一部分。

13. 出现了源自童年的无助感受，觉得自己无法掌控自己，该怎么办？

过往的痛苦经历，确实很影响自己的心情。其实我们每个人都会时不时因为过去的事而困扰。这里有一些小办法：

首先，可以运用到正念的不评判，也就是不去评判过去的自己处理情绪的方式是"好"或"坏"，也不去定义自己的现状是"好"或"坏"，而是允许它的出现和停留，在当下每一分钟里慢慢地去感受，去看到是不是可以有另外一种可能性的存在，刚开始可以只允许一点点的可能性，慢慢地扩大可能性范围，更要允许它的走一步退两步，需要耐心。

其次，正念里还有一个无我的概念，意思就是"我"这个定义也是在不断变化的。例如 10 岁的我，和现在的我肯定会有所不同。10 岁的自己可能只会无助地哭，现在的自己更会主动地去寻求帮助和解决方案。未来还是充满希望的，不着急。

此外，你可以使用自我关怀"三句箴言"并通过"自我关怀资源库"里的练习安抚自己。

最后，尝试跟你的内在小孩连接，去探索童年未被满足的深层需求，再给予自己所需的支持，包括寻求专业帮助。

自我关怀练习清单

本书的练习整理如下,并用一句话概述了练习目标,方便查阅。此外,有声音标注的练习均搭配音频引导。

练习 1:初心与意图

澄清意图,让我们更好地坚持;随时回到这里,提醒自己当初为什么来。

练习 2:专注呼吸 🔊

简单而强大的正念练习方法,随时启动;只要专注于呼吸,就能够回归当下。

练习 3:身体扫描 🔊

帮助我们建立与身体连接,培养对身体感受的觉知,并学习将身体感受作为练习锚定点。

练习 4:STOP 停下来 🔊

带着觉知停下来,是基础正念技巧,也是逐渐摆脱习性反应,塑造新行为的起点。

练习 5:觉察情绪与想法 🔊

通过这些练习你会发现情绪与想法的秘密,例如它们都会自然升起、自然消散。

练习 6:觉察抵抗

给自我关怀练习中可能出现的"回燃"应对提供了一些思路——顺其自然,放松抵抗。

练习 7：积极深入倾听

观察习性反应，通过积极深入倾听，感受慈悯涌动，感受宁静的力量。

练习 8：朋友与我

观察对待朋友与对待自己的不同之处，学习像朋友一般友善、温和、放松地支持自己。

练习 9：需求探索 🔊

通过练习探索情绪背后的需求，从而更好地满足和支持自己。

练习 10：梳理价值

澄清价值，为我们的行为和选择提供指导。

练习 11：建立自我关怀资源库

我们身上或身边充满了自我关怀的资源，发现并收集这些曾经忽略的宝贝，需要时信手拈来。

练习 12：三张幸福清单

把那些让我们幸福的事物整理成三份清单，随时拿出来实验。

练习 13：大脑的治愈收藏馆（HEAL）🔊

运用 HEAL 方法，收集日常生活中的幸福瞬间并让大脑记住，心情低沉时调取它们蓄能。

练习 14：经典的慈心冥想 🔊

在心灵深处唤醒慈悯的能量，祝福心爱的人，滋养自己的心。

练习 15：写给自己的祝福语 🔊

为自己定制慈心冥想，结合现状和需求，写下给自己的祝福。

练习 16：连接你的慈悲之源 🔊

发掘心灵的宝藏——你的慈悲之源，那里流淌着永不枯竭的爱、喜悦、富足和丰盛。

练习 17：转化自我评判 🔊

觉察习性中的自我评判与苛责，识别最常出现的自我对话模式，转化负向能量。

练习 18：为限制性信念松绑（SSA）🔊

觉察羞耻感背后的限制性信念，通过柔软－放松－允许的方法，放松对它们的信任，获取更大自由。

练习 19：Mudita 🔊

练习庆祝他人的成功，并从中获得喜悦，净化自己的心，转化嫉妒、焦虑等负向能量。

练习 20：自我欣赏十条

列举自己身上的美好特质、技能、成就、干得漂亮的事……

练习 21：请你听我夸自己

跟伙伴互为教练，通过问答，发掘关于自己更多的闪光点。

练习 22：对视四分钟

通过对视，一言不发也能感受人与人之间的共性与联结。

练习 23：TA 和我一样 🔊

探索和发现共通人性。

练习 24：我们都一样 🔊

探索和发现共通人性。

练习 25：缩减小我
觉察小我如何干扰我们如实体会世界和关系，体会缩减小我的海阔天空。

练习 26：铭记传承 🔊
建立与祖先、土地的连接，获得归属感、支持和赋能。

练习 27：假如我是一株植物 🔊
通过意象冥想，在博大的时空观中，见证共通人性与万物互联。

练习 28：一个给我，一个给你
日常慈悯的简单练习，只要不吝给予，就有取之不竭的资源。

练习 29：轻声地祝福你
日常慈悯的简单练习，真正祝福别人时，也能为自己积累丰盛的心灵资源。

练习 30：慈悯沟通脚本
通过非暴力沟通提供的慈悯沟通技巧，向别人表达需求，获得支持。

练习 31：进阶练习——与内在小孩连接 🔊
通过冥想去探索内在小孩未被发现或满足的需求，对其给予看见和接纳。

练习 32：给照顾者的冥想练习 🔊
通过平等心练习，去信任被照顾者自身的智慧和力量，缓解自己的情绪压力。

练习 33：扳机反应与内在小孩
觉察扳机反应，关注曾遭遇的"创伤"，对受伤的内在小孩表达接纳与慈悯。

练习 34：勇猛的自我关怀伙伴 🔊

激发勇猛的自我关怀，带着勇气去行动，不断满足、保护和激励自己。

练习 35：正念饮食——葡萄干冥想 🔊

每周至少给自己一次"心灵盛宴"，启用全部感官，一口一口，好好吃饭。

练习 36：创建职场慈悯文化

运用这些技巧，力所能及推广职场慈悯。

练习 37：毛毛虫身体戏剧

抖抖甩甩，把压力赶出体外：躯体体验是一种简单、安全、有效、有趣的解压方式。

练习 38：头脑风暴解决冲突

设计思维常用的头脑风暴，当然可以用来化解生活矛盾，有没有发现：这就是共创！

练习 39：自我接纳 RAIN 🔊

通过 RAIN 的方法练习对自己的全然接纳，带着好奇与慈悯，用爱的雨滴滋养自己。

练习 40：通过"抄作业"，练习爱自己

自我关怀的一个窍门，是去观察和模仿别人怎么爱自己：从家人和好朋友那里学习吧。

练习 41：爱情保鲜的秘诀

带着"禅者的初心"、好奇不评判的眼光，仿佛人生第一次遇见，看看 TA 会如何吸引你。